火电厂
燃煤采制化
异常分析与处置
100
例

张振峰　主编

中国电力出版社

CHINA ELECTRIC POWER PRESS

内 容 提 要

燃煤质量管理是燃煤发电厂技术管理的重要内容之一，燃煤采样、制样和化验是获取燃煤质量指标的基本手段。本书围绕燃煤采制化三个环节，列举了100个典型异常案例，深入剖析案例原因，提出合理的处置方法，对实际工作具有指导意义。

本书内容丰富、图文并茂，是火电厂燃煤采制化从业人员的必备图书，读者通过采制化工作中的典型教训和经验，可以切实提高知识技能。本书亦可供火电厂相关管理人员参考。

图书在版编目（CIP）数据

火电厂燃煤采制化异常分析与处置100例：彩图版/张振峰主编. —北京：中国电力出版社，2019.8

ISBN 978-7-5198-3479-1

Ⅰ.①火… Ⅱ.①张… Ⅲ.①燃煤发电厂—事故处理 Ⅳ.① TM621

中国版本图书馆 CIP 数据核字（2019）第 160307 号

出版发行：中国电力出版社
地　　址：北京市东城区北京站西街 19 号（邮政编码 100005）
网　　址：http://www.cepp.sgcc.com.cn
责任编辑：曹建萍（010-63412418）
责任校对：黄　蓓　常燕昆
装帧设计：王红柳
责任印制：吴　迪

印　　刷：北京瑞禾彩色印刷有限公司
版　　次：2019 年 8 月第一版
印　　次：2019 年 8 月北京第一次印刷
开　　本：880 毫米 ×1230 毫米 32 开本
印　　张：6.875
字　　数：166 千字
印　　数：0001—2000 册
定　　价：58.00 元

编委会

主 编 张振峰

副主编 单庐辉 马洪学 连传龙 高志海 张国华 洪 锐

参 编 王雪松 赵全中 孙自岭 王素静 何俊华 杨红宇

郑春艳 王旭星 张兴华 李玲玲 张笑实 林培娟

王友才 金英子 夏 琳 李国治 王 蕊 马 帅

马东青 刘 强 尹之同 任 庆 李玉林 管浩然

杨 磊 任 缘 刘亚光 刘国君 陶 冶 魏玉珠

赵林蕤 栗雪芹 冯明君 孟祥春

　　工作中长期开展异常分析，坚持问题导向，查找产生异常的根源，铲除产生异常的土壤，把解决异常作为重要的工作任务，是加强基础管理中很好的管理方式。在长期的异常分析中，我们发现管理上、技术上、设备上、人员素质上诸多方面的问题。我们知道不管是设备管理、技术管理还是其他类型的管理最终还是归结到对人的管理，岗位人员素质的高低直接影响到工作质量的好坏，所以，努力提高岗位人员的素质是提高员工自我管理能力和企业可持续发展的重中之重。

　　作为企业员工，首先要改变工作理念，树立大局意识。我们的企业就是一个大家庭，其中的每一位成员都要以企业大局为重，在开展各项工作时更要时刻站在更高的角度思考问题。一要变"攫取"为"奉献"，要将"企业能给予我什么"转变为"我能为企业做什么"，个人的发展与企业息息相关，只有企业发展好了，员工才能有一个更好的平台和前途；二要变"被动"为"主动"，要积极主动地思考如何将本岗位的工作服务于大局、服务于生产；三要正确处理同事之间的关系，部分人员由于职责原因造成与同事之间的摩擦，这说明在工作水平和态度上还有一定欠缺，要用"认真做事、诚心做人"的心态对待本岗位工作，要注意语言艺术，保持良好的形象；四要注重细节，"细节决定成败"，员工要充分认识到细节的重要性，"不该做的事坚决不做，该做的事坚决做好"，要在工作中做好每一个环节的细节工作。

　　作为企业员工，要勇于担当，提高责任心。责任心是一个人对自己、对工作、对企业乃至对社会应尽的责任和义务的认知态度，是对事情敢于负责、主动负责的心态，是一名员工应具备的基本素质之一。责任心是对自己负责，我们所做的每一项工作既是为企业的发展也是为了个人发展，没有责任心的员工只能平庸无为，既荒废了自己，对企业的长远发展也不利。责任心是对团队负责，"企业靠员工发展，员工靠企业生存"，企业是大家共同的家园，只有我们企业有一个良好的发展，员工才会有一个美好的将来，只要团队中的每一名成员都能以高度责任感做好自己的"一点"工作，才能使整个企业的"全面"工作做好。在工作中我们要摒弃"好高骛远"的态度，以高度责任心和务实的工作态度踏踏实实做好本职工作。

作为企业员工，要不断学习，提高业务水平。如何提高专业素质是每位员工需要认真考虑的问题，尤其要注重个人知识的"再造"。要提高个人学习能力，"知而有涯，学而无涯"所说的正是学无止境的道理，作为一名企业员工要树立学习意识，注重知识的不断更新和积累，不断提高自身能力。要积极参加各级培训，关注专业知识的前沿动态，通过与外部的知识交流不断丰富自身阅历，拓宽视野。要善于思考总结，"学而不思则罔"所说正是思考的重要性，每天能抽出一点儿时间对当日的工作进行一个回顾总结，思考哪些工作做得好需要继续坚持，哪些工作还有进步的空间，哪些工作还需要进一步改进。通过这些思考发现工作中的不足并加以完善，不但会使各项工作更加顺畅，同时也能很好地提高自身能力。

在企业中，没有重要的岗位只有重要的人，我们能否成为"重要的人"是需要每个员工思考的问题。只要把本岗位工作做出特色，每一个细节都可能成为亮点和典型。临渊羡鱼，不如退而结网，我们与其在抱怨各种的不如意，倒不如静下心来做好本职工作，爱岗敬业的基本职业道德素质我们是否真的能完全合格，企业为我们每一名员工提供了赖以生存的基础保障，我们没有理由不为之奋斗和奉献使之变得更加美好。

张振峰
2019 年 8 月

前言

　　燃煤发电是我国当前主要的电力生产形式，燃煤成本在整个燃煤发电成本中占比高达70%。燃煤质量不仅影响发电成本，而且直接影响锅炉的稳定燃烧及烟气排放达标与否，因此燃煤质量管理是燃煤发电技术管理的重要内容之一。

　　对燃煤进行采样、制样和化验，是获取燃煤质量指标的基本手段，其技术要求较高。长期以来，由于企业管理上的漏洞，以及检测人员素质、检测仪器设备、检测方法标准和检测环境等因素引发的燃煤采制化异常案例很多，给企业带来很大损失。加强员工对异常案例的学习，举一反三，杜绝类似异常的发生，是本书的编写目的。

　　本书围绕燃煤采制化三个环节，列举了100个典型案例，通过发生在身边人的大量异常案例，为广大员工讲述发生在燃料领域的各种异常案例经过，并附有原因分析、处置方法，深刻剖析案件发生的原因，提出合理的处置方法，以帮助和教育广大员工汲取经验教训，引导员工深入思考如何干好本职工作，提升员工的操作规范技能、廉洁从业意识，从而增强员工的自我管理能力，激发员工工作积极性。

　　由于时间仓促，加上编写人员水平有限，疏漏与不足之处在所难免，敬请广大读者不吝指正。

编者

2019 年 8 月

目 录

序

前言

第一篇　采样案例篇 ·········· 1

案例 001　督察采样互勾结　三人受贿皆入狱 ·········· 2

案例 002　弄虚作假发热量　受贿犯法把牢坐 ·········· 4

案例 003　督察采样齐犯罪　双双获得四年刑 ·········· 6

案例 004　接连收受三家贿　采样员前程尽毁 ·········· 8

案例 005　督察员公然受贿　职务犯罪危害大 ·········· 9

案例 006　拉筋暗藏劣质煤　火眼金睛巧识破 ·········· 11

案例 007　数据录入有差错　采样头直穿车内 ·········· 13

案例 008　热值异常细分析　批次来煤品质差 ·········· 15

案例 009　编码故意被颠倒　煤热值异常波动 ·········· 17

案例 010　矿方参与采制样　鱼目混珠险得逞 ·········· 19

案例 011　并矿结算虽有例　擅自决定不可取 ·········· 21

案例 012　马虎大意出差错　来煤指标全颠倒 ·········· 22

案例 013　不法商人忙钻营　煤检精英勇打击 ·········· 23

案例 014　贴壁煤样未清理　来煤指标出异常 ·········· 25

案例 015　设备异常未处理　采样数量不达标 ·········· 27

案例 016　不分缓急出差错　取样量少难补救 ·········· 29

案例 017　机密重地乱进人　不法分子太嚣张 ·········· 31

案例 018　阻止违章很果断　私自扣吨不合规 ·········· 33

案例 019　验煤工作无监督　制度执行不到位 ·········· 35

案例 020　样罐未能及时清　系统误判出险情 ·········· 37

目　录

案例 021　一级缩分被煤堵　犯错理应勇承担 ……… …… 39

案例 022　一级给料突堵煤　所有样罐均无样 ……… 41

案例 023　多日指标波动大　坚持不懈来分析 ……… 42

案例 024　工作流程不严谨　采样编码致泄漏 ……… 44

案例 025　信息确有不对称　擅自做主不理智 ……… 47

案例 026　采集设备遭雷击　风险防范要提前 ……… 49

案例 027　接班听信他人言　未清样桶致混样 ……… 50

案例 028　来煤接卸环环扣　多种原因致延迟 ……… 52

案例 029　设备故障出意外　人工录入可应急 ……… 54

案例 030　设备保养不及时　清扫链条报故障 ……… 56

案例 031　检修力量太薄弱　汽采设备故障多 ……… 58

案例 032　火车采样不转桶　扫码系统有故障 ……… 60

案例 033　材料采购应充足　莫让缺件缚手脚 ……… 61

案例 034　缩分间隔被缩短　无故调整太蹊跷 ……… 62

案例 035　系统后台报急停　软件防毒提日程 ……… 63

案例 036　清扫链故障报警　频故障应多总结 ……… 64

案例 037　运煤车私自改装　采样头变形受损 ……… 66

案例 038　翻卸湿煤出故障　给料机堵煤严重 ……… 68

案例 039　人工采样量不够　对比样品相差大 ……… 69

案例 040　系统设置有漏洞　采样设备出异常 ……… 71

案例 041　值班人员误操作　煤车未采先称重 ……… 73

案例 042　刮煤皮带非标件　技术标准要固化 ……… 74

案例 043　热值波动太异常　皆因分属两家矿 ……… 75

案例 044　智能系统不熟悉　新矿信息难录入 ……… 77

目 录

案例 045　风险意识不强烈　处理不当险酿祸 …………… 79

案例 046　粗心大意混了样　硫分指标出异常 …………… 82

案例 047　违章指挥存侥幸　事故苗头暗中藏 …………… 85

案例 048　计量衡保养不当　传感器全部损坏 …………… 87

案例 049　车辆数据有偏差　采样操作出险情 …………… 89

案例 050　掺杂使假不得逞　没占便宜反吃亏 …………… 91

案例 051　精神疲劳出差错　两矿编码放颠倒 …………… 92

案例 052　弃料筒意外堵煤　采样机故障报警 …………… 93

第二篇　制样案例篇 ……………………………… 95

案例 053　制样员贪小便宜　五万元换三年刑 …………… 96

案例 054　采样制样谋私欲　一失足成千古恨 …………… 97

案例 055　制样员受贿 5 万　事败露锒铛入狱 …………… 98

案例 056　分析样人为更换　发热量高出许多 …………… 100

案例 057　转接皮带频故障　设备改造大胆试 …………… 102

案例 058　图省事心存侥幸　备查样不符要求 …………… 104

案例 059　过筛要求没达标　样品不具代表性 …………… 105

案例 060　班组成员合作差　留样未制难弥补 …………… 107

案例 061　研磨人员不细心　分析样品搞颠倒 …………… 109

案例 062　接料盒未清彻底　精煤中误混劣煤 …………… 111

案例 063　草率制样不规范　灰分热量出异常 …………… 112

案例 064　制样设备有残留　化验数据现异常 …………… 115

案例 065　过筛操作太随意　样品指标不达标 …………… 117

案例 066　违规操作隐患大　煤样指标超范围 …………… 119

目 录

送样制样违规多　煤样混乱出差错 …………… 122

备用设备不可用　管理短板尽快补 …………… 124

存样柜故障频发　供购方需要联动 …………… 125

编码信息复核错　化验指标难生成 …………… 127

破碎机筛子裂纹　过筛率连日偏低 …………… 129

转换开关突跳变　破碎机停止运行 …………… 132

制样设备有缺陷　煤样指标不合格 …………… 133

化验制样谁之过　唯有数据辨曲直 …………… 135

皮带煤样有残留　分析样品量不足 …………… 137

制样机多次停运　致病因转换开关 …………… 139

制样设备坏境差　转动轴承有卡涩 …………… 141

锤破下方有积煤　煤流断断续续出 …………… 143

抽签定岗未按规　发现苗头勤提醒 …………… 145

制样操作不规范　指标偏差难避免 …………… 147

设备检查不彻底　余煤贴壁致混样 …………… 149

系统服务器"中暑"　新矿无法关联上 …………… 151

第三篇　化验案例篇 ………………………… 153

案例 083　样品全水值偏大　反复化验求真相 …………… 154

案例 084　空调吹风不均匀　量热结果出异常 …………… 156

案例 085　标煤管理有漏洞　发现问题仔细查 …………… 158

案例 086　挥发分差值较大　辨真伪追本溯源 …………… 161

案例 087　劣标煤质量太差　硫仪器校验失真 …………… 164

目 录

案例 088 　坩埚内部有残留　煤样挥发分超差 ·················· 167

案例 089 　煤样干燥不达标　挥发分差值偏大 ·················· 170

案例 090 　化验极差不合格　样品氧化是主因 ·················· 173

案例 091 　完美员工亦犯错　误将样品弄颠倒 ·················· 178

案例 092 　数据分析要严谨　主观臆断不可取 ·················· 180

案例 093 　渣样飞入空坩埚　图快欲速则不达 ·················· 184

案例 094 　样品搅拌不均匀　挥发分数值超规 ·················· 187

案例 095 　量热温度计损坏　发热量指标超差 ·················· 190

案例 096 　工分仪温度跳变　求答案顺藤摸瓜 ·················· 193

案例 097 　频使用部件老化　定硫仪突然罢工 ·················· 195

案例 098 　新旧设备有误差　煤样指标略不同 ·················· 197

案例 099 　数据采集有缺陷　热量指标不太准 ·················· 200

案例 100 　马弗炉挥发异常　三管齐下来调整 ·················· 204

火电厂
燃煤采制化
异常分析与处置
100例
（彩图版）

第一篇
采样案例篇

　　采样作为采制化的重要环节，其在采制化误差的影响占整个流程中的80%。我们常说，细节决定成败，最容易发生问题的环节常常是被忽视的细节，所以工作要精益求精，要关注设备运行状态每一点细微的变化，要留意工作中的每一个倾向性问题，严格按照标准、法规进行操作，这样才能保证工作不出差错。

　　此外，采样环节涉及外部供应商，属于敏感岗位。部分敏感岗位人员怀侥幸心理，一旦突破了个人廉洁底线，构成了犯罪，成为犯罪分子，直到身处高墙、不得自由时，反思过往，悔不当初。职务犯罪是腐败的突出表现，是国家工作人员滥用权力、亵渎权力的表现，是严重的腐败形式。职务犯罪严重侵害国家机关的管理职能，影响正常的管理秩序和工作秩序，破坏由此产生的种种社会关系，败坏政府的威信，损害公众利益，具有严重的危害性。

案例 001

督察采样互勾结　三人受贿皆入狱

1. 案例经过

张某，男，1984年9月出生，汉族，大专文化，原监察部门督察员。刘某某，男，1986年12月出生，汉族，初中文化，原某单位采样员。王某某，男，1984年4月出生，汉族，高中文化，原某单位采样员。

2010年11～12月，张某、王某某、刘某某由电厂安排，对某公司向电厂所供煤炭分别进行采样与监督。在此期间，张某同王某某收受该公司苗某8万元，张某与王某某各得4万元。后刘某某接替了王某某的采样工作，张某继续担任监督员。张某同刘某某收受苗某8万元，张某与刘某某各得4万元。三人因此对该公司予以帮助。

2. 原因分析

该电厂管理体系不健全，在燃料采购、燃料采制化管理和预付款支付等关键环节没有操作性强的管理制度。

3. 处置结果与经验教训

2011年10月，当地人民法院作出刑事判决，张某犯受贿罪，判处有期徒刑十年；刘某某犯受贿罪，判处有期徒刑二年；王某某犯受贿罪，判处有期徒刑二年。

张某等人思想意识出现严重滑坡，未能严格要求自己、坚守人生底线，对于来自各方面的糖衣炮弹不战而降，迷失了人生方向，丢弃了理想信念，丧失了原则，沦为金钱的奴隶。

案例 002

弄虚作假发热量　受贿犯法把牢坐

1. 案例经过

陈某，男，1987年8月出生，汉族，高中文化，原某单位采制样员。

2009年8月份，陈某利用职务便利，在对本公司所采购的煤炭进行采样的过程中，承诺为供煤商石某某提供帮助，提高煤的发热量，先后三次收受供煤商石某某、李某某夫妇二人贿赂款共计11万元。

2. 原因分析

2011年以前，电厂采制计化工作范围内，没有实现视频监控全覆盖，致使一部分采制人员铤而走险为供煤商造假，谋取私利。

3. 处置结果与经验教训

2010年4月，当地人民法院作出刑事判决，陈某犯受贿罪，判处有期徒刑六年。

年纪轻轻就被小恩小惠击垮，在人生轨迹中涂上在灰色的一笔，大好年华要在高墙中度过，这不仅是个人的悲哀，更是亲人抹不去的伤痛，所以，不管我们身处任何岗位，都要冷静、理智、从容、遵纪守法，时刻紧绷廉洁从业这根弦，清清白白做人，干干净净做事，这样的人生才是受人尊敬的人生。

案例003

督察采样齐犯罪　双双获得四年刑

小意思，多帮忙啊！

1. 案例经过

韩某某，男，1988年1月出生，汉族，大专文化，原监察部门督察员。

王某某，男，1983年2月出生，汉族，大专文化，原某单位采制样员。

2010年11～12月，韩某某、王某某对某公司供给电厂的煤炭分别进行采样与监督。韩某某任监督员，王某某任采样员。在此期间，韩某某伙同王某某收受王某人民币共计15.3万元。韩某某分得8万元，王某某分得7.3万元。韩某某、王某某因此对其予以了帮助。

2. 原因分析

反腐倡廉没有建立长效机制，尤其是监督管理形同虚设；监督制度不完善，对关键环节、关键岗位的监督力度不到位。

3. 处置结果与经验教训

2011年10月，当地人民法院作出刑事判决，韩某某犯受贿罪，判处有期徒刑四年；王某某犯受贿罪，判处有期徒刑四年。

公司治理环境的缺失，在燃料采购的管理过程和不透明，在执行过程中脱离制度约束，给企业经营带来严重影响。

案例004

接连收受三家贿　采样员前程尽毁

1. 案例经过

李某，男，1987年1月出生，汉族，高中文化，原某单位采样员。

2010年11～12月，李某经电厂安排对某三家公司往电厂所供煤炭分别进行采样。在此期间，李某收取苗某某（另案处理）贿赂款1.4万元；收取贾某某（另案处理）贿赂款4.5万元；收取宁某某（另案处理）贿赂款3万元，共计8.9万元，李某实得8.3万元。李某对三家公司往电厂供煤时予以帮助。

2. 原因分析

该厂虽然机械自动采样装置技术设备，但是因为设备质量问题投入使用率偏低。实际采样时很少应用机械自动采样装置，主要以人工采样为主，操作不规范，增加了作弊的可能性。

3. 处置结果与经验教训

2011年11月，当地人民法院作出刑事判决，李某犯受贿罪，判处有期徒刑五年。

"三重一大"集体决策制度执行不到位，造成决策的随意性，管理工作混乱。

案例 005

督察员公然受贿 职务犯罪危害大

1. 案例经过

孙某某，男，1981年12月出生，汉族，初中文化，原监察部门督察员。

2010年11～12月，孙某某对某三家公司往电厂所供煤炭采样监督期间，收取苗某某贿赂款1.4万元、贾某某贿赂款6万元、王某某贿赂款6万元和宁某某贿赂款1万元。2011年4月份，孙某某在负责监督本单位采样人员采样工作期间，收受王某某贿赂款5万元。孙某某收取贿赂款共计19.4万元。

2. 原因分析

企业内部燃料管理和监督部门之间、关键岗位之间缺乏有效制衡，对岗位职责缺乏认识，出现越位行使职责，造成管理错位。

3. 处置结果与经验教训

2011年11月，当地人民法院作出刑事判决，孙某某犯受贿罪，判处有期徒刑十一年。

把职务上的便利作为谋取不正当利益的手段，为满足自己的私利"开小差"，在侥幸心理和自我开脱思想的支配下，私欲逐步膨胀，无视党纪法规，拿自己的前途、人身自由作赌注，接受供煤商的各种贿赂，为其开通便利，造成国有资产的重大损失。

案例 006

拉筋暗藏劣质煤　火眼金睛巧识破

1. 案例经过

　　某年4月23日，某矿汽车煤到某电厂6车，目测该批煤整体煤质较好。但该电厂当班煤检人员没有因此而放松警惕，验煤时按照国家标准认真检查煤车内各个方位的煤质，发现汽车拉筋处煤质有异常，初步判定为劣质煤。某单位当即安排采样人员对该批煤的拉筋处进行人工采样，并要求与该煤当日机采样分开制样和化验。

2. 原因分析

　　经化验，该批煤机采热值为4800大卡（cal），人工所采拉筋处煤样热值为2674大卡，二者相差2126大卡。同为一车煤，不同位置的煤质差别如此之大，明显属于供煤商恶意掺假行为。

3. 处置结果与经验教训

该电厂联系煤检部门、燃料物资供应部门、监察部门和供煤商矿方进行现场确认，按照公司《入厂煤验收管理制度》掺杂使假处理规定，对矿方进行相应的扣吨处罚，并在《入厂煤处置单》上签字确认。为使公司不受损失，公司决定将当日该煤的机采样与人工所采劣质煤样1∶1混合作为正式样进行制样，化验热值作为该批次煤的结算热值，为公司有力地挽回了3万余元的经济损失。

当班人员明察秋毫，及时发现煤质异常；证据确凿，供煤商无可反驳；该电厂处理恰当，整个过程有"法"可依，有据可查。掺假使假行为，任何单位都不会姑息。每个关键岗位人员都能铁面无私，各个部门能够团结一致，拧成一股绳，供煤商的掺假使假无机可乘。

案例 007

数据录入有差错 采样头直穿车内

1. 案例经过

某年3月5日，汽车采样员李某一如往常进行采样操作。由于"半自动"采样方式减少了人为干预的因素，所以采样员放松了警惕，当采到第8辆车时，采样员轻松点击采样按钮，采样头却直接定位到驾驶室上方开始采样，A意识到操作有误，慌忙按下急停按钮，采样机停止工作，但采样头已穿入驾驶室内，所幸驾驶室内无人，未造成人员受伤。

2. 原因分析

经调查，该车为首次来煤，车辆信息未知，需人工测量车辆基本信息（主要包括车身长度、车底高度、车厢宽度、拉筋数量及拉筋所在车厢的具体位置等）并录入采样机数据库，李某工作时粗心大意，将车身长度15m录为150m，采样机误将驾驶室部位定为采样区域进行采样，恰好采样头防抬保护装置失灵，采样头已碰到驾驶室铁皮而保护没有正常动作，最终导致事故的发生。

3. 处置结果与经验教训

安全隐患就像一只狡猾的狐狸，隐藏着、等待着、观望着我们的违章行为，伺机侵吞我们。"在岗一分钟，安全六十秒"，是抵御事故入侵的有效的武器。在班组或车间，贪图方便、粗心大意、安全意识不强的人并不少见，这是对员工思想教育不够彻底所致。我们在抓生产的同时，要及时了解员工的思想动态、工作情绪以及生产环境，及时消除思想、情绪、环境等事故隐患，才能使员工真正做到"高高兴兴上班来，平平安安回家去"。

案例 008

热值异常细分析 批次来煤品质差

1. 案例经过

某年3月18日下午，某电厂统计员发现甲矿热值与以往偏差相大，热值异常，某电厂立即展开调查。

该批煤共计31节，于17日10:32到厂，火车采样员验煤时发现该批次相比以往来煤矸石较多，但分布均匀，立即逐级汇报，并拍照留证。随后对该矿进行皮带采样，采样过程严格按照国家标准要求进行，未见异常。采样完毕后值班人员将机采煤样送至制样室制样，查看监控发现整个送样、制样过程规范，未见异常。

某电厂对抽查样复查，重新编码后分别送至不同化验室化验，结果出来，两个复查煤样与原始结果值基本吻合（见表1-1），再次排除制样过程有误。采制班班长联系燃料物资供应部门告知该矿热值异常及调查情况，燃料物资供应部门随后联系矿方，回复称矿方对热值有异议。

表 1-1　　　　　甲矿煤样多次化验结果统计表

煤样信息	矿别信息	煤样编号	空干基水分 M_{ad}（%）	干基全硫 $S_{t,d}$（%）	干燥无灰基挥发分 V_{daf}（%）	弹筒发热量 $Q_{b,ad}$（J/g）	换算热值（cal/g）
原始结果	18日甲矿	01	0.84	3.16	18.19	24124	5297
备查样二楼复查结果	18日甲矿	02	0.81	3.2	18.53	24104	5302
备查样三楼复查结果	18日甲矿	03	0.4	2.99	18.2	24034	5256
煤堆取样结果	18日甲矿	04	0.62	2.66	18.09	24609	5396

次日，该电厂煤检部门、燃料物资供应部门、监察部门、一同到煤场对该批次来煤进行煤堆取样并制样、化验。结果出来，该样品化验值与原始结果差值在100大卡以内。由于煤堆取样代表性差，仅供参考，但从数值上看已经基本接近，足以证明采样无异常。

2. 原因分析

工作人员多次对该矿煤样进行化验并打乱了编码顺序，指标均无较大变化，从而可以证明化验过程无异常。由此可以确定该批次来煤机械采样结果是具有代表性的。该电厂随后与矿方取得联系，在详细数据面前，矿方心服口服，承认批次来煤确实品质稍差。该电厂按照原始结果上报该矿。

3. 处置结果与经验教训

发现指标异常时要及时展开分析，每一道工序都要做到有据可查，用科学、真实的数据证明我们的工作操作是符合标准的，是不存在问题的，这样我们说话、办事才有底气。

案例 009

编码故意被颠倒　煤热值异常波动

1. 案例经过

　　某年4月2日，某电厂采制人员通过对甲矿机采正式样与人工对比样进行对照分析，发现该矿来煤连续三次所采的机采正式样分别比对比样高出273、456、691大卡，热值异常波动，且有倾向性，存在有人作弊的嫌疑，该电厂高度重视。

　　该电厂立即抽取三个正式样品备查样复查，却找不到这三天机采正式样的备查样，存样记录本上也未见相关记录，只找到对比样的备查（按照当时要求对比样不需留备查）。结合监控视频和存样记录本，发现这三天机采正式样在制样时制样员均留有备查，对比样未留。

2. 原因分析

　　三个样品同时出现类似情景，该电厂怀疑三个样品机采正式样和对比样在编码阶段可能出现了错误，热值较低的对比样可能为机采正式样，由于对比样未编一级码，错误应该发生在二级码或三级码环节（当时采用三级编码，采样组长编一级码，监察部门监督员编二级码，制样员编三级码，最后由统计员和监督员进行解码，各环节均应单独编码并留存编码单，对编码信息绝对保密，以实现样品与矿名的层层隔离）。

分析二级码环节可能的作弊手段为：监督员在煤场选择性地采某辆车或某几车的对比样（矿方提前告知这几车煤质相对较好），在编码环节将其与所对应正式样颠倒。

分析三级码环节可能的作弊手段为：制样人员首先肉眼分辨出甲矿机采正式样与对比样，然后在编码环节将编码颠倒，最后在磨样环节将精煤混入，以提高热值。

按正常的逻辑分析，二级码环节颠倒的可能性更大，因为操作简单，且不易被察觉，漏洞在于对比样不需留取备查样，此次事件中三个矿的正式样均没有备查，而对比样却留有备查，绝非偶然。监控也显示3月31日监督员在制样开始10min后曾短暂进入制样室，并取出二级编码单查看编码情况，这是很反常的行为。

不可否认，三级码环节作弊也存在理论上的可能，但是作为煤样的直接接触者，制样人员可以直接提高机采正式样的热值，弄混编码没有必要，而且给自己增加了风险；况且即便选择了这种方法，在制样阶段给对比样留上一个备查就能很好地掩盖自己的行为，但是这三天六位制样人员都没有留备查；再者，从热值差每天200大卡以上的增幅来看，制样阶段从技术上难以实现。

3. 处置结果与经验教训

该电厂将调查结果报告给监察部门，监察部门对该名监督员予以了劝退处理。

监督人员违纪的案子并不鲜见。因采制工作劳动强度大且需要很强的责任心，一般电厂都聘用年轻力壮的员工，有些是刚刚步入社会的毕业生，对现实的诱惑抵抗力差，在金钱的诱惑下，有些定力差的员工可能会选择错误的道路，如果让这些年轻人继续在错误的路上走下去，他们将会一步一步陷入犯罪的深渊，不能自拔。所以监察部门尽早组织调查，及时发现苗头，采取有效的措施，比如转岗、诫勉谈话、劝退等手段进行及时纠偏，防患于未然，使涉煤廉洁高危岗位长期保持风清气正的良好态势。

案例 010

矿方参与采制样　鱼目混珠险得逞

1. 案例经过

　　某年5月19日14:00，某电厂采制组长张某对某矿来煤分样，当清理完设备把煤样倒进联合制样机时发现第一桶（共两桶）煤样上下煤质不一，前半部分为正常煤样，后半部分含有精煤。这种情况很是异常，采制组长立即停止分样，并拍照留证，同时汇报监察部门。该电厂立即展开调查。

2. 原因分析

　　该矿当日凌晨来火车煤63节，调查样品流转过程，采制组长赵某、两名采样员和该矿驻厂人员一起对该63节煤进行人工采样，采完样后将煤样放入火车采样室内封存。交接班后赵某将该人工煤样交接到下一班进行分样，采制组长张某接班，张某在分样时发现异常。调查发现该批次来煤存在脱岗现象，没有做到对样品的不间断看护，加上本次来煤为凌晨，天色较晚，不易分辨煤质，为作弊提供了一定条件，存在该矿人员在参与人工采样的过程中向样品中掺入精煤以提高热值的可能。

3. 处置结果与经验教训

经该电厂煤检部门、监察部门、燃料物资供应部门和矿方协商，决定对该批煤重新人工采集煤样，作为结算依据，各方在处理单上签字确认。

随后，该电厂对两名采样员、当班组长赵某采取辞退和调离工作岗位的处理，并向公司申请取消与该矿共同采样的采样方式。

让矿方人员参与电厂采样、制样，是特殊时期采取的特殊手段，但却给矿方使假提供了便利。供需双方应相互信任、互相监督、协商一致，绝不能做出违规的事情来。采制人员更应该严格按照公司规定和流程来操作，并加强监督，保护好煤样，更不能出现脱岗的情况，决不能让煤样出一点差错。作为采制人员应时刻记住，确保煤样安全是我们义不容辞的责任！

案例 011

并矿结算虽有例　擅自决定不可取

1. 案例经过

某年6月18日，甲矿汽车煤到某电厂1车，机械采样时设备出现故障（液压系统出力不够，且破碎机堵煤），后经检查样量发现该车机采样量较少，远低于国家标准要求的总样质量最低标准。当班采样员立即汇报班长，采制班长考虑到该车已上煤堆，且猜测这一车可能在前一天的计划批次内，经某单位与监察部门协商，参考乙矿火车煤5节以下并入前一大列的做法，做出将这车煤的指标按上个批次的指标给出（热值3106大卡）的错误决定。矿方知晓后对处理意见不认可，对指标产生较大争议。

2. 原因分析

该电厂煤检部门与监察部门擅自并矿处理未通知燃料物资供应部门，且未经供煤方同意，造成了此次纠纷的发生。

3. 处置结果与经验教训

该电厂调查后对相关责任人给予了相应的处理。相关人员对异常事故的处理过于草率，思想上不够重视，方法上未结合实际，生搬硬套，不遵守严格的管理流程，此类行为应予以杜绝。工作中我们在坚持原则的同时更要注重细节，要时刻保持清醒的头脑和严谨的工作作风，严格按照规章制度办事，坚决杜绝此类问题再次发生。

案例 012

马虎大意出差错　来煤指标全颠倒

1. 案例经过

某年5月28日下午，某电厂统计员和监察部门监督员一起解码，发现甲矿、乙矿、丙矿三家公司的指标与前几日指标相差较大，立即组织人员调查。

2. 原因分析

从三家公司以往来煤指标分析，调查人员怀疑本次各家指标全水分和分析样全部颠倒。该电厂抽取备查样发现化验指标与原始分析样指标差别不大，经询问和调取相关视频资料，基本排除人为恶意的可能，怀疑错误出现在编码环节，参与编码的三个环节均有可能导致这种错误的发生，可以确定是工作人员在放置或抄写编码时没有认真核对，使得编码与煤样没有一一对应，造成了本次工作事故。

3. 处置结果与经验教训

这类错误比较低级，说明部分岗位人员的责任心不够强，也警醒我们在编码环节一定要再三检查确认，反复核查，避免出错。对于一个企业来说，它的发展不仅仅需要管理者的决策，更重要的在于是否有责任心的员工。

案例 013

不法商人忙钻营　煤检精英勇打击

1. 案例经过

　　某年4月7日，甲矿汽车来煤21车，某电厂当班采样员在验煤时查看这两批来煤煤质较为均匀，但采样员并未放松警惕，经仔细查看，发现其中一辆煤车内的目测上部的煤质较差，底部约60cm煤质较好，采样员立即拍照留证，逐级汇报，并分别采集上部煤样和下部煤样，分别化验。

　　4月9日，甲矿汽车又来煤12车，当班采样员在验煤时又发现同样问题：其中一辆煤车目测上部的煤质较差，底部约60cm煤质较好。采样员立即拍照留证，逐级汇报，并分别采集上部煤样和下部煤样分别化验。

2. 原因分析

4月7日煤样化验结果出来，该车上部煤样热值3068大卡，下部煤样热值为6017大卡，相差2949大卡之多，属恶意掺假行为。

4月9日煤样化验结果出来，果然该车上部煤样热值3559大卡，下部煤样热值为5926大卡，相差2367大卡之多，属恶意掺假行为。

3. 处置结果与经验教训

对以上两起掺假事故，按照该电厂《入厂煤验收管理制度》掺杂使假处理规定，工作人员对该车来煤单独归批结算，将上部煤样指标作为结算指标，并在《入厂煤处置单》上签字确认，为电厂分别挽回经济损失近1.5万元、1.2万元。

一些不法供煤商总是在伺机寻找我们的工作漏洞，实施一些掺假使假行为，本次掺假使假的意图很明显，欲抓住机采设备故障、人工采样中顶部煤样不易采到的可乘之机，冒险尝试，但这等伎俩岂能逃得过验煤人员的火眼金睛？作为煤质验收人员，我们就应该时刻保持高度的警惕，充分掌握识别掺假使假的本领，坚守高尚的职业操守，严格按照制度处理煤质异常，与不法行为坚决斗争到底。

案例 014

贴壁煤样未清理　来煤指标出异常

1. 案例经过

　　某年12月21日，某电厂共制备汽车来煤煤样甲矿、乙矿、丙矿、丁矿共4个。12月22日16:00，统计员发现丁矿21日汽车来煤指标偏高，存在异常。根据以往来煤指标分析，四家矿仅甲矿热值在5800大卡以上，乙、丙、丁矿热值在5000大卡以下。当天来煤其他二个矿的热值均无异常，仅有丁矿热值较以往偏高，当日化验指标也显示甲、乙、丙三家矿的指标无异常。

　　通过视频监控调查制样过程，12月21日制样人员接样后严格按国家标准要求制样，未发现异常。抽取丁矿备查样品复检热值为5629大卡，与正式样原始结果基本相同，排除了制样异常的可能性。

当天汽车来煤共四个矿别，均采用全自动机采模式，采样后分别在17:19至17:24操作，取样甲矿、乙矿，21:49至21:52，取样丙矿、丁矿。采样员取样过程均在监察部门监督下进行，且调取监控信息与采样员陈述一致，整个过程无人为造假现象。

2. 原因分析

会不会是机采时混样？调查人员初步判定为甲矿煤样混入丁矿中，但甲矿跨了两个矿混入丁矿中，有些匪夷所思。

经调查，前几日因有大雪天气，甲矿来煤较湿，因此调查人员怀疑在采样过程中，采样设备内贴有甲矿贴壁煤，在采丁矿样品时恰逢贴壁煤样掉落导致混样。从采样量上查看四个矿来煤车数基本相同，但甲、乙、丙、丁矿各采集了2袋、1袋、1袋、2袋煤样，可以看出乙矿、丙矿的样品量已经明显减少，而在丁矿时却突然增多，很是反常。查看智能化系统，17:43～20:04时间段，汽车采样设备处于空转状态，丁矿待采，20:04～21:11为丁矿采样时间，设备长期振动，增加了贴壁煤脱落的可能。

由此可以断定该次异常的原因为汽车采样设备内贴有甲矿贴壁煤，在采丁矿样品时恰逢贴壁煤样掉落导致混样。

3. 处置结果与经验教训

本次异常的原因较为隐蔽，不易察觉。对于工作人员来说，在机采水分较大的煤样时，应提高警惕，加强对设备的检查，排查易堵煤，防止煤样污染。能将重复的事情认真做才是一个负责任的员工。

案例 015

设备异常未处理　采样数量不达标

1. 案例经过

某年10月13日18:00，汽车煤机采完毕后。某电厂汽车采样员、监察部门煤质监督员一同去取样间取样，取样时发现机采三个矿样量分别为2.5kg、1.8kg、2.6kg，样量远远达不到国家标准要求。

2. 原因分析

经工作人员检查设备，发现破碎机三角皮带断，破碎机已无法正常运转，导致收集的样量较少。采样员立即赶往煤场补采人工样，发现车已卸完。

进一步分析，客观上近期雨雪造成来煤较湿，大量湿煤样堵塞破碎机，造成破碎机出力过大，二角皮带受到的摩擦力过大致其断裂；主观上采样员未按照要求做班中检查，破碎机故障也未能发现并及时处理，也未按照"先检查机采样，再验煤"的要求开展工作，导致煤车已卸完却未采集人工样，当发现机采样量少再采取补救措施时，为时已晚。

3. 处置结果与经验教训

该电厂对当事人进行了相应的处罚。

破碎机不能正常运转，没有破碎的声音，是很容易辨识的，值班员却在最后取样时刻才发现异常，可见未能按照要求检查采样设备，才导致三家矿均采样量较少，责任心有待加强。责任心是个人对自己和他人、对家庭和集体、对国家和社会所负责任的认识，以及与之相应的遵守规范、承担责任和履行义务的自觉态度。没有强烈的责任心，如何能干好工作？员工与企业唇齿相依，有责任和义务完成好本职工作。

案例 016

不分缓急出差错　取样量少难补救

1. 案例经过

某年10月20日09:25，某电厂火车采样员接燃料运行通知，甲矿10节来煤已翻完，采样员取样时却发现样量少，急忙检查，发现B路采样机收集器入口堵塞。

2. 原因分析

经调查，当日08:20燃料运行通知该批煤开始翻卸，当班采样员忙于交接班，未能到达现场检查设备。接班采样员接班后忙于将待送火车样送至制样室，并对所送火车样生成制样码，直至

09:25也未能检查采样设备，取样时方才发现样量不足，达不到国家标准要求，发现故障时，该矿来煤已翻完。

深入分析，客观原因为火车B路采样机缩分器接料口与上部下料口间隙过大，使得收集器入口煤流量较大而堵塞，该矿翻卸时间和采制班交接班时间重合，又加之该矿来煤节数较少；主观原因为交接班人员未对采样设备检查，未及时发现并消除设备故障。

3. 处置结果与经验教训

这起事件客观上是由设备故障引起。但采样员为何不能及时发现缺陷？交接班前后为何不能第一时间检查设备？在工作中我们应辨识本岗位工作规律，理清工作头绪，做好工作的"四个象限"区分，即紧急而且重要的工作、紧急但不重要的工作、重要但不紧急的工作、不重要也不紧急的工作，四种工作类型应该优先处理什么是显而易见的，但需要注意的是要做好四个象限工作的预测和计划，防止所有工作都转化成为"紧急而且重要的工作"。工作没有主次，一股脑地蛮干，这是工作的大忌！

案例 017

机密重地乱进人 不法分子太嚣张

1. 案例经过

某年11月3日03:20，某电厂监察部门监督员电话告知当班采制组长共存样室有人进入，当班组长顿时惊醒，立即启动应急响应，通知监察部门、保安队人员赶往现场，发现人已不见踪影。该电厂对此高度重视，立即展开调查。

2. 原因分析

共存样室房门由两把锁具紧锁，由该电厂监察部门监督员、采制班分别留取一把钥匙，只有两个部门人员同时到位后才能打开房门，监督员钥匙由人员变换时交接，采制班钥匙存放在办公室指定位置方便需要时取用。11月2日20:00至22:00，采制班钥匙一直在人员监控之下，11月3日03:20当班组长得知共存样室进人后，同监察部门、保安人员查看现场，并调取监控，发现办公室22:00至次日03:20未进人。检查共存样钥匙也在办公室原位置。

事情很蹊跷，调查人员查看监控发现可疑人员对现场非常熟悉，顺利躲过关键摄像头位置，鉴于当时技术原因，截图画面均较为模糊。分析可疑人员进入共存样室后的一系列举动，可疑人员本次进入共存样室是有备而来，准备比较充分，所有门锁均未损坏，这对重要岗位的钥匙管理提出了严峻的考验。

3. 处置结果与经验教训

该电厂更换了两套防护等级更高的锁具，加装了摄像头，并制定更加严格的钥匙使用制度，加强了关键区域门禁的管理。

在利益的驱使下，犯罪分子无孔不入，我们要时刻提防，工作中要查漏补缺，严防死守，不给犯罪分子留下任何可乘之机。

案例 018

阻止违章很果断　私自扣吨不合规

1. 案例经过

　　某年3月5日11:35，某辆自卸型运煤车进入某电厂煤场等待人工采样，当班采样员要求司机打开车门采两个点，卸车后再采两个点，并告知期间不得移动车辆。在班验煤人员采完两个点，等待车辆卸车再继续取样时，煤车司机擅自发动车辆并前后移动，采样员立即制止，司机不听劝阻，继续移动车辆，险些压到已经采集的煤样。现场车辆、人员较多，存在很大安全隐患，采样员再次勒令司机立即停车，车辆停止移动并熄火。

　　由于采样员的及时发现，并没有造成煤样破坏和安全事故。根据制度，采样员对该车来煤做出扣0.5吨的处理决定。该电厂随后对该名采样员进行了处罚。

2. 原因分析

采样员在做出处理决定时，并未与监察部门监督员进行商议，而是私自决定采取相关的处理措施，主动接受监督的意识太差。

3. 处置结果与经验教训

采样员有效地制止了一场可能出现的安全事故，本是一件好事，却因事后处理不当被问责，结果令人唏嘘不已。俗话说：俩人不做贼。电厂设置燃料监督岗位目的是让敏感岗位的工作处在实时监督之下，不留死角。采制化所有岗位人员要牢固树立监督意识，主动接受监督人员的监督。

案例 019

验煤工作无监督 制度执行不到位

1. 案例经过

某年3月15日16:30，甲矿来煤27节，逢吃饭时间，某电厂火车采样员李某验煤时没有通知监察部门监督员一同验煤。3月16日凌晨来一列乙矿煤，采样员李某验煤时也未通知监察部门监督员一同验煤。正常的流程不去遵守，令人费解。某单位立即展开调查。

2. 原因分析

通过深入调查，未发现采样员李某与甲、乙矿方有接触，整个采样过程也未发现有其他异常情况，化验结果出来也未发现指标异常，排除人为作弊的可能。调查班组人员时，发现因当天请假一人，抽签决定由组长白天值汽车班并加班值火车夜班。综合以上情况，某单位分析事故原因为采样组长图省事，麻痹大意，对制度执行不到位。

3. 处置结果与经验教训

该电厂对该当班组长进行了相应的处罚。该名组长也深刻认识到自己的错误，表示绝不会再犯类似的事情。

工作任务重不是犯错的理由，关键岗位人员更要严格执行制度，绝不能马虎大意。企业的管理制度必须要严格执行，不能让管理制度形同虚设，制度远远不是挂到墙上就能有结果那么简单，应该把制度植根于员工的大脑，落实于每个言行中，那才是目的。

燃料相关岗位人员应提高思想认识，增强执行制度的自觉性和主动性。执行制度是工作作风的重要内容，直接反映员工的工作面貌、工作态度。

案例 020

样罐未能及时清　系统误判出险情

1. 案例经过

某年1月11日11:00，当天汽车来煤自动正常识别、采样，某电厂汽车采样员发现甲矿第一辆煤车卸料分配在4号样桶内，但在采该矿第二辆煤车时，系统却将卸料样配在1号样罐内，而1号样罐内煤样是已经采完的乙矿煤样，采样员当即拍下系统急停按钮并将情况汇报相关部门。

2. 原因分析

带着疑问，采样员将系统复位后再次测试，甲矿仍然分配在1号样罐内，随即通知燃料智能化设备维护人员处理。厂家调取后台记录发现，10:02时乙矿已在燃料信息系统中完成了分样、制样操作，经询问采样员，也证实该时间段内确有操作，后将1号罐中样品取出，系统恢复正常运行。

原因得以查明，采样员在乙矿采完样后完成了分样、制样操作，但未将样桶煤样取出，而系统认为1号样罐内样桶为空桶，自动将甲矿的煤样分配在1号罐内，幸亏采样员发现及时，才未导致混样的发生。

3. 处置结果与经验教训

该电厂特意邀请设备厂家对汽车采样操作流程及其注意事项进行了专门的培训，以提高采样员业务水平，避免类似事件再次发生。

任何一项任务的工作流程都是在长期的工作中总结出来的经验，它由多个环节组成，环环相扣，任何环节的缺失或者顺序的颠倒将直接导致错误的发生，有时甚至出现危险，我们要时刻警醒。

案例 021

一级缩分被煤堵　犯错理应勇承担

你看，一级缩分设备处堵煤严重，导致所有煤样没有被缩分到存样罐内，全部随料皮带弃掉了。

缩分器

煤样呢？

余料皮带机

样品收集罐

1. 案例经过

某年1月19日16:15，当天煤车采样完毕，某电厂汽车采样员和监察部门监督员一同到取样间取样，突然发现当天机采的三个批次来煤煤样量都非常少，无法进行制样。汽车采样员慌忙汇报，根据部门安排立即到煤场采人工样进行补救，同时联系燃料智能化设备维护人员到现场进行故障检查。

2. 原因分析

经检查发现，汽车采样机一级缩分设备处堵煤严重，导致所有煤样没有被缩分到存样罐内，全部随弃料皮带弃掉。

3. 处置结果与经验教训

采样员解释此次堵煤没有任何征兆、没有报警，故三个批次已采完才发现，这明明是在推脱责任。值班人员巡检不到位，没有及时发现问题，应当负有主要的责任。当然，燃料智能化新设备的投入需要一段时间的认知，这个可以理解。我们要意识到，每次巡查设备的过程就是对设备重新认识的过程，只有充分地认识设备，我们才能让设备发挥潜能，少出故障。事事依靠设备厂家，不是长久之计。

案例 022

一级给料突堵煤 所有样罐均无样

1. 案例经过

某年3月25日，某电厂汽车采样员和监察部门监督员在取样时发现所有样罐内均无样，火速赶赴煤场进行补救性采集人工样，但煤场车辆已卸车完毕，已无样可取。

2. 原因分析

汽车采样员和监察部门监督员联系燃料智能化设备维护人员进行协同检查，发现初级采样装置存料斗处堵煤，所采煤样全部弃至煤车上，故样桶内无样。

经调查发现当班采样人员未按要求在机械采样时进行样量检查，在采完样后也未按照"要取样后验煤"的流程工作，而是先验煤后再去取机采样，造成车辆卸完无样可采的被动局面。

3. 处置结果与经验教训

该电厂随后对该名采样员进行了相应的处罚，并要求采制班全员再次组织研讨，细化汽车采样流程，避免类似事件再次发生。

这又是一起因堵煤引起的少样、无样事件，而且是车已经卸完，无法人工取样。值班人员责任心差是发生本次事件的主要原因。类似的事情多次发生，也需要我们不断地完善流程，细化措施，有力监管，才能有效地避免或减少此类事件发生。

案例023

多日指标波动大　坚持不懈来分析

1. 案例经过

　　某年11月19日，某电厂统计员核对当日来煤报表时发现甲矿18日来煤指标异常，低位发热量为3220大卡，比前几日热值低出约2000大卡，本着对供方负责任的态度，该电厂立即展开调查。

2. 原因分析

　　某年11月20日，工作人员取出18日甲矿备查样进行复查，化验结果为3214大卡，与报告指标吻合。调查制样过程，当天共制作4个汽车煤样、两个火车煤样，只有甲矿和乙矿（煤球）热值在4000大卡以下，其余的煤样指标都在5000大卡以上，除甲矿外其他5个煤样指标均正常，排除混样可能。调查当班汽车采样员，得知当日该矿煤质较差但均匀。通过分析，可以确定18日该矿批次来煤煤质确实较差。随后某单位通知燃料物资供应部门联系矿方确认，燃料物资供应部门与矿方沟通后回复，称矿方正在调查，怀疑煤车被换。

11月21日，甲矿来煤10车，因汽车采样机故障，汽车来煤需要人工采样，该电厂按国家标准规定设计采样方案并进行系统采样。鉴于该矿前几日煤质异常情况，采样员验煤时格外用心，仔细查看后发现该批次不同车辆中煤质差别较大，但整车均分布均匀，有4车目测煤质较差，6车目测煤质较好，为便于指标分析，采样员在采正式样后又对不同煤质分别采集人工对比样。

化验指标结果出来，煤质较差的热值为3312大卡，煤质好的热值为5873大卡，当日人工正式样热值为4710大卡（将优劣两种煤进行加权，计加权热值为4848大卡，与人工正式样4710大卡对比相差138大卡）。经分析，21日该矿来煤采样正常，但该矿存在同一批次两种煤质的情况。

由此可以确定该矿各批次来煤煤质不均匀，且出现同批次来煤两种煤质的情况，导致该矿煤质指标波动较大。

3. 处置结果与经验教训

煤质指标的跟踪是长期坚持的工作，一旦出现批次来煤煤质指标波动大的情况，要及时开展异常分析，查找出现原因。验煤人员发现煤质异常应及时反映到相关部门，统计人员发现指标波动应与采制班长确认，班长得知指标异常要展开调查，如此各岗位间开展积极的协作，才能确保煤质上报指标准确无误。

案例 024

工作流程不严谨　采样编码致泄漏

1. 案例经过

某年1月18日09:15，某电厂制样员通知监察部门、燃料物资供应部门、矿方（通过供应部联系）到煤场共同对甲矿进行分样。09:20，各方如约前来，矿方代表手里拿着一联该矿来煤磅单，磅单上赫然显示有一级编码，这等于编码泄露，属泄密事件。该电厂立即对该磅单的来源进行调查。

2. 原因分析

1月15日22:52，该批次来煤到厂，当班火车采样员李某到火车轨道衡室打印三联该批煤磅单，并进行矿别核对，编写一级编码；23:36，李某将入厂磅单分别送入调度室、列检室、统计室，并将剩余磅单放入火采室。1月18日08:45，燃料物资供应部门厂内协调员进入火车采样值班室，8:47火车采样员王某将磅单交给协调员，随后协调员自行离开火车采样室，并在某单位办公楼前将磅单交给矿方；09:20，矿方到场时手拿15日甲矿来煤红色磅单，上面出现火车来煤一级编码。询问矿方代表，也承认磅单是协调员给的，整个过程未见采制人员与矿方直接接触。

分析热值方面，该矿当月为第一次来煤（机采热值4912大卡，人工对比热值5233大卡），上次来煤为汽车煤，来煤时间是上一年8月25～27日，共计来煤958.8吨，加权平均热值4943大卡。与本次化验结果热值差31大卡，指标比较接近。经询问物资供应部，了解到该矿为全资子公司，资质齐全，为国有大矿，再通过监控和人员调查排除人为作弊、掺假。

分析整个交接环节，存在工作人员责任心不强，工作流程不严谨的情况，15～16日，火车当班人员在榜单填写编码时，未考虑最后几张磅单上面有印上编码能带来泄漏隐患；17日，火车当班人员在接班时同样未注意磅单编码隐患；18日，当班人员未仔细查看磅单是否有编码就直接交到物资供应部协调员手中，最终导致编码泄漏。

在管理方面，对火车磅单交接，该电厂未做出具体防范措施；未收紧磅单出口，未对涉密数据、信息做出具体要求，存在管理漏洞。

3. 处置结果与经验教训

该电厂随后采取一系列措施：

一是强调火车过衡单留存程序，采制班火车采样员打印的火车过衡单，一次打印三份，分别送调度、列检、统计室，火车采样员自己留存一张红色的磅单作为交接班使用，给统计室的一整份的过衡单上应填写采样员姓名、采样一级编码、来煤矿别、热值、挥发分、硫分、水分。

二是给列检、调度、统计室的黄色、白色、蓝色过衡单上不能有任何矿别信息，火车采样员自留一张红色的过衡单，火车交班和接班人员票在红色过衡单上签字交接。

三是统计室负责对外数据、磅单等信息的对接，给其他部门提供的磅单上不能体现一级编码，其他部门及外来人员提取电厂数据、磅单等信息需联系电厂部门负责人，经电厂负责人允许后，方可查询，并做好相关记录（记录内容包括查看信息时间、查看信息人员、查看信息内容、查看信息原因）。

四是严禁无关人员进入采样室、制样室等重点工作区域，如因工作需要，外来人员进入上述生产区域，当班人员需做好相关记录。

五是修复火车采样值班室监控，在火车采样室西南角新增监控。

六是更改《廉洁风险点防控》中煤样编码泄露等级，将该项等级升为高级，重点防范。

面对敏感的问题，该电厂不回避，直面应对，深刻分析问题产生的原因，从各个角度研讨解决办法，坚决堵住管理上的漏洞，是转变工作作风的具体体现，值得褒扬。

案例 025

信息确有不对称　擅自做主不理智

1. 案例经过

某年3月31日，某电厂统计员发现3月28日甲矿来煤指标异常，指标与乙矿指标接近，该电厂立即展开调查。

2. 原因分析

3月29日22:39，三节车入厂（第一节空车，第二节和第三节是重车）；当班火车采样员根据燃料物资供应部门提供的来煤信息核对第三节为甲矿，第二节未核对出矿别。采样员立即联系物资供应部提供来煤信息，供应部回复称只有甲矿发车未到厂，应该为该矿来煤。采样员在没有看到确切来煤信息情况下，将第二节的矿别认定为甲矿来煤并在燃料智能化系统中录入。随后采样员与监督员一同前往采集该批来煤的人工正式样，在采完第二节车煤样后，现场打车门人员以卫生为由拒绝打开第三节车门，火车采样员未向班组长请示，与监督员私议，违规未对第三节车采集人工样。在该批煤机器采样阶段，为避免混样，火车采样员违规私自决定将火车采样机A、B两路切至手动，并通知燃料运行翻车，未采机器样。

次日，煤质报表显示28日甲矿化验指标异常，再次联系燃料物资供应部门人员确认，发现第三节为乙矿来煤。

原因已很明显，燃料物资供应部门不能准确提供来煤信息，凭主观臆断认定未知车号为甲矿来煤，信息不对称；火车采样员听信口头传达矿别信息，擅自将车号录入为甲矿，导致矿别录入错误；人工采样时违规采集人工样品，机器采样时违规未采集机采样；整个过程中，采样员均未向班组长汇报异常情况，最终导致了一系列的错误发生。

3. 处置结果与经验教训

该电厂对该采样员进行了相应的处理，并要求燃料物资供应部门务必提供准确、及时的来煤信息，以方便矿别核对，避免类似事件再次发生。

一列3节车的来煤采样时出现多处违规操作，而且是多次强调的老问题，采样员太不理智。在工作中，操作流程一定要时刻遵守，火车采样员要认真核对矿别，无相关矿别信息应逐级汇报，督促燃料物资供应部门提供发站、矿别、车号、热值等相关信息，决不能凭主观臆断；人工采样操作要规范，任何人不能出于任何原因（安全因素除外）擅自做主避而不采；火车机器采样时应做好检查，不能无故不采样。

案例026

采集设备遭雷击　风险防范要提前

1. 案例经过

某年7月29日20:58，某电厂火车煤检员发现轨道衡车号、重量等信息均无显示，无法打印榜单，立即汇报当班组长，联系电控班和厂家技术人员，初步判断是数据采集仪故障。

2. 原因分析

7月30日15:40，厂家技术人员到达现场，检查工控机的通信卡有被击穿的痕迹，主板烧毁，更换数据采集仪和工控机后设备恢复正常。

经调查，故障当天确有雷雨天气，且轨道衡相关电源没有关闭。雷电造成的强电流烧毁了数据采集仪和工控机的主板。

3. 处置结果与经验教训

故障很突然，且不可预料，属不可抗力引起。这个事件可以发现厂区内仍有一些防雷盲区。要利用好当地气象预报，做好风险防范，未雨绸缪，将风险降低。比如雷电发生前将轨道衡相关电源全部关闭，不创造发生雷击的条件，就可以很好地避免事故发生。

案例027

接班听信他人言　未清样桶致混样

1. 案例经过

某年3月3日，某电厂统计员发现3月1日甲矿火车来煤人工样热值6338大卡，机采样热值4957大卡，与矿方报告热值5500大卡相差较大，对比样、正式样、来煤预报热值均相差较大，该电厂立即展开调查。

2. 原因分析

3月1日17:40，甲矿到厂重车3节，按规定需采取人工样作为正式样，随后该电厂火车采样员在监察部门监督员监督下按照国家标准要求采集人工正式样，整个采样过程监督员全程监督无异常。分别提取人工样6mm全水样、3mm备查样、0.2mm备查复检，6mm煤样热值6219大卡，0.2mm、3mm煤样热值6211大卡。化验结果与0.2mm煤样化验样结果基本一致，再调查取制样视频监控，排除制样环节混样可能。对比数据库中甲矿其他批次煤质情况，2月18日甲矿化验热值6304大卡。发现两次化验热值均与来煤预报热值5500大卡相差较大，询问燃料物资供应部门得知甲矿热值应为6000大卡以上，预报有误。由此可见人工正式样指标正常，随后按照程序报送指标信息。

事情本可以就此结束，但较真的该电厂未放弃追问：机采样热值为何如此之低？部门继续深入调查，分别对A/B路采样机初级给料机、破碎机、减速机皮带等重点易残留煤样区域检查均无煤样残留，排除火车采样机设备残留煤样导致混样的可能。对比当日来煤，发现甲矿化验指标与乙矿指标接近。

经调查，当班采样员接班时，听信交班采样员A路所有样桶已清空的说法，在翻卸甲矿时也未做检查性清桶，以致A路火车采样机取出煤样其实多数为乙矿煤样，导致机采样与人工样热值差别大。

3. 处置结果与经验教训

每翻一批煤之前，采样桶均需要全部清桶以避免混样，这是每一个采样员都熟知的操作，即使是交班人员告知已经清桶完毕，也应该逐一检查确认，确保无误。在交接班中，交接的任何一项内容要永远只相信自己的眼睛，这不代表对同事的不信任，而是对自身岗位最好的交代。记住：当你完全可以避免一场事故的时候却没有行动，你就是失职！

案例028

来煤接卸环环扣　多种原因致延迟

1. 案例经过

某年5月9日某电厂甲矿火车来煤48节，至11日12:00才开始翻卸，接卸延迟，该电厂立即对影响接卸的原因展开内部调查。

2. 原因分析

甲矿来煤9日00:45入厂，当班火车采样员赵某因燃料物资供应部门未提供来煤信息无法核对出矿别，直至07:03，燃料物资供应部门告知该批煤为甲矿来煤，但采样员赵某当日8点出差，因此未对来煤进行验收。接班后，抽签决定由采样员何某负责火车采样同时值汽车采样，因当天汽车采样工作量大，上午难以抽出时间对该批煤验煤。采制班长安排休班后新上岗人员钱某对该批次来煤进行验收。15:11，采样员何某验煤时发现该批次来煤中含有大块矸石、青石，目测每节车厢含矸0.5吨之多，采样员何某将情况如实汇报班组。

为避免电厂利益受损，该电厂采制班立即汇报煤检部门，经煤检部门同意按照制度进行每节扣矸1吨，共计48吨的处理，煤检部门如实向监察部门说明情况，并联系燃料物资供应部门通知矿方。因矿方人员迟迟未回复，无法完成《入厂煤处置单》的四方签字，该批煤无法进行接卸。直至11日10:00，矿方人员到达现场，煤检部门会同监察部门、燃料物资供应部门、矿方四方人员共同现场确认，矿方对处理结果无异议后在《入厂煤处置单》签字，煤检部门立即通知运行人员开始翻卸。

分析整个验收过程，主要因矿别确认延迟、人员未及时验煤、煤质异常、矿方迟迟未到等综合情况致使该矿接卸延迟。

3. 处置结果与经验教训

来煤接卸是一项环环相扣的工作，任何一个环节的脱节都将会直接导致整个接卸的延迟，应以大局为重，争取更多的接卸时间，想尽办法提高验收效率。

案例 029

设备故障出意外　人工录入可应急

1. 案例经过

某年8月2日00:54，某电厂入厂甲矿重车26节，火车采样员在完成了磅单打印后，核对矿别发现该列来煤无对应矿别信息，采样员立即向燃料物资供应部门索要，回复称矿方未发矿别与车号信息，分矿采样及卸车工作不得已中断。

08:16，燃料物资供应部门告知26节入厂重车车号矿别信息，采样员按照要求立即在智能化系统录入矿别信息，却发现系统无法查到该列26节重车信息。

2. 原因分析

采样员据经验初步判断故障原因为轨道衡数据无法自动上传，随即立刻通知检修人员进行处理，接卸工作继续中断。至11:00检修人员仍未处理完毕，无奈之下，该电厂采制班联系燃料智能化设备厂家询问有无人工调取并转移数据的措施，厂家经询问研发工程师后称轨道衡数据可以实施人工录入并告知具体操作办法。火车采样员如获至宝，立即按照步骤将轨道衡数据人工导入智能化系统，至12:10数据导入完毕，至此该列煤具备翻车条件，开始翻卸。

3. 处置结果与经验教训

该电厂要求，火车采样员若发现有火车数据无法自动上传至智能化系统时，应立即录入缺陷系统并通知检修人员进行处理，半小时未处理，立即转人工录入，以便缩短设备故障对煤质验收的影响时间。

工作中我们要做到"眼勤、嘴勤、腿勤、脑勤"。眼勤：要多学习，了解更多公司的业务；嘴勤：多与同事沟通，勤向领导汇报；腿勤：愿意办别人不愿办的事情，愿意走别人不愿走的路；脑勤：多想办法，多反思，取他人之长补己之短，多换位思考。做到"四勤"，那么你离优秀的员工不远了。

人的职业发展固然受一些客观因素的限制，但是如果我们在工作中及时地把握好一些小的技巧，久而久之，也能有意外的惊喜。

案例030

设备保养不及时　清扫链条报故障

清扫链故障

1. 案例经过

某年5月28日13:30，某电厂火车采样员发现A路火车采样机控制柜发出故障报警，采样机停运，燃料智能化系统同时发出报警，报警信息为"清扫链故障"，以往从未报类似故障，较真的采样员仔细检查A路火车采样机控制柜发现清扫链空气断路器跳闸，跳闸原因未知。采样员立即填写缺陷并通知检修处理，联系燃料运行告知A路火车采样机无法使用，A路暂停翻卸重车。

2. 原因分析

因无相关检修经验，检修人员对A路火车采样机进行全面检查，经检查发现清扫链条刮板卡死，刮板链条两侧不同步。16:10，检修人员对清扫链和刮板进行复位后申请试运，经试运，A路火车采样机暂时恢复正常，但在翻卸第三节重车时，采样机再次停运，故障再次出现。18:00，检修人员再次对A路火车采样机清扫链和刮板进行复位，并对清扫链链条进行加固、润滑，待工作结束后再次试运，设备恢复正常。

该电厂对故障产生的原因进一步进行分析：火车采样机初级给料机工作时设备震动较大，封闭不严，煤粉经缝隙大量落在清扫链上，检修保养不及时，导致清扫链北侧链条松弛，脱齿后与南侧链条不同步，导致刮板卡死，电流增大，空气断路器自动跳闸。

3. 处置结果与经验教训

该电厂要求设备检修人员每两周对初级给料机相关设备进行定期检查保养。设备定期保养可以防止零件老化，延长设备寿命，降低设备损耗，减少设备故障的概率，有效提高设备运行效率。

案例 031

检修力量太薄弱　　汽采设备故障多

1. 案例经过

某年5月10日，某电厂汽车煤正常机采，在采完第一车后，鉴于汽车采样设备长时间未运行，当班汽车采样员为检验采样效果，与监督员一同进行检查性取样，发现设备未采集到样品。采样员立即联系检修，检修人员检查发现控制柜缩分器开关接线松动，接好后试转设备，又发现缩分器电动机不工作，经仪器检测确认为为电动机故障，缺陷当天未消除。

11～14日，缩分器电动机外送修复完毕。15日当班采样员试图启动汽车采样机设备，却发现系统根本无法启动。热控专业联系设备厂家，并在PLC内重新载入采样程序，采样机系统恢复，无车试运正常。16日，煤车正常到厂机采，采样时缩分电动机突然不动，检修人员发现手闸无故拉起，修复手闸后运行正常，再次试运时却又发现设备不清洗煤样。17日，汽车采样机正常采样，但检查煤样时却无样，经仔细观察发现煤样全部随弃样皮带弃掉，检查缩分器位置有偏差，缩分不到位，随后调整缩分器挡板角度，汽车采样机恢复正常。18日，当班采样员又发现采样机在换矿采样时不清洗煤样，检修人员再次联系设备厂家，厂家回复称近期到厂检修。至26日，采样机经厂家到厂维修后恢复正常。

2. 原因分析

汽车采样机长时间未投入使用，部分器件老化，性能劣化，导致多处故障集中出现。该电厂虽定期对汽车采样设备进行了无车模拟采样试运，但因煤车未到无法测试采样全过程，也不能全面检查缩分器间隙调整不准确、换矿不采样等问题。汽车采样机系统也不能排除因插拔优盘带入病毒，导致系统紊乱的可能。

3. 处置结果与经验教训

设备长时间不运行有时会出现无法正常工作的情况，这是任何一个企业都会遇见的问题，但是本次出现的故障之多，前所未有，最终在厂内、厂家检修人员共同努力下一一消除，但也暴露出作为新兴专业的燃料智能化检修力量的薄弱，以及相关设备保养方案的缺失，这也要求每个电厂应适当地加大燃料智能化检修技术力量，以确保燃料智能化设备的长期稳定运行。

案例 032

火车采样不转桶　扫码系统有故障

翻车机处扫码器有点问题，我们再进一步检查。

1. 案例经过

某年5月13日20:41，某电厂火车采样员像往常一样仔细巡检，突然发现B路火车采样机3号收集桶已收集156点，料位满信号发出后仍不转桶，采样员清楚地了解火车采样机程序设计为一个收集桶最多收集151个点就需转桶接样，以防止煤样溢出。为防止煤样损失，火车采样员立即联系燃料运行停止翻车，及时将样品取出，并联系检修人员到场处理。

2. 原因分析

检修人员经逐步排查，怀疑翻车机处车厢扫码器故障，更换扫码器后设备恢复正常。

该电厂对故障原因进行进一步的分析，发现此次异常的原因是翻车机处车厢扫码器故障致使火车采样系统数据收集不完全，系统正确配置桶号，只能分配给系统默认3号收集桶，导致采样机不能正常转桶。

3. 处置结果与经验教训

解决问题的过程恰恰是对设备重新认识的过程，也使我们对设备更加熟悉，更能掌握其性能，使其更好地为我所用。

案例 033

材料采购应充足　莫让缺件缚手脚

1. 案例经过

某年6月3日，某电厂汽车采样机采样时不动作，汽车煤检员立即联系热控人员处理。

2. 原因分析

经检查，大车行程开关故障，导致大车不动作。热控人员称大车行程开关暂无备件，已紧急采购，待备件到货后更换。6月10日，采样机大车行程开关备件到货，更换备件后，故障消除。

该次异常为采样机大车行程开关质量差，设备老化。

3. 处置结果与经验教训

因为一个小小的备件就让设备停运一个星期，不存储易损件的代价是惨痛的。对于备品备件的采购，要综合考虑，统筹兼顾，有效利用，既要保证生产需要，又要兼顾节约资金。

案例 034

缩分间隔被缩短　无故调整太蹊跷

呀，采样机堵塞了！

1. 案例经过

某年6月19日16:30，某电厂A路火车采样机落煤声音异常，火车监控画面显示"采样间隔为1，缩分间隔为0"，这意味着采样量过大，采样机堵塞。采样员立即停运设备，通知燃料运行停止翻卸，联系检修人员处理。

检修人员将A、B路火车采样机就地控制柜PLC插件进行调换测试，未发现PLC插件故障，对就地控制柜"缩分间隔、采样时间间隔"等数据进行调整，没有效果，当班故障未消除。20日厂家远程处理，故障消除。

2. 原因分析

采样机系统重要参数不能随意调整，任何一个参数的改变将会引起采样机一系列的变化，导致故障。

3. 处置结果与经验教训

本次参数的突然变化无法排除人为操作的可能（可能是远方调整），应引起重视，值班人员应加强对各参数的监控，防止其他人员随意调整。

案例 035

系统后台报急停 软件防毒提日程

1. 案例经过

某年7月5日，某电厂汽车采样机采样时不动作，当班煤检员立即联系热控人员处理。

热控人员检查时发现系统处在急停状态，就地和远程操作均无法消除，随紧急联系智能化设备厂家处理。6日，采样机系统空载正常；7日，采样机正常采集煤样，故障消除。

2. 原因分析

智能化系统软件紊乱，管控中心系统后台出现急停信号。

3. 处置结果与经验教训

该电厂要求任何人员严禁用工控机及管控中心电脑做与系统无关的事情；用U盘传输数据时，必须提前杀毒。

考虑到软件的兼容性，工控机操作系统一般未安装杀毒软件，处于"裸机"状态，极易受到外来病毒的侵袭，所以我们在工控机上应谨慎使用优盘等插拔式移动设备，防止智能化系统遭到病毒攻击无法正常运行。

案例 036

清扫链故障报警　频故障应多总结

1. 案例经过

某年8月20日01:00，某电厂燃料运行通知火车煤检员B路开始翻车。01:15，煤检员发现B路火车采样机控制柜发出清扫链故障报警，同时采样动作停止，于是立即通知燃料维护人员处理。

2. 事故原因

01:20，燃料维护人员到现场，检查电机和控制开关未发现异常；01:25，机务打开初级给料机前后挡板，发现皮带跑偏；01:40，皮带校正后试运，仍然出现故障报警；01:45，热控人员检查热控过载测点，发现皮带左侧的热控过载测点探头松动，固定后再次试运，设备运行正常。

故障原因为，第一次报警为B路火车采样机初级给料机皮带西侧轴承两侧螺丝松动，导致皮带跑偏，与外壳固定铁架产生摩擦，热控过载测点发出过载信号；第二次报警为初级给料机在皮带校正中，误碰到热控过载测点，造成清扫链条故障报警。

3. 处置结果与经验教训

频繁出现清扫链故障报警，班组应总结一下清扫链故障可能出现的原因，举一反三，对火车采样机可能出现的异常情况进行全面的总结，形成文字材料，开展技术培训，及时辨识缺陷产生的原因，指导检修人员展开消缺。

案例 037

运煤车私自改装　采样头变形受损

你们随意改装车辆，对我们的采样设备造成了损坏，依照制度要对你们进行处罚。

1. 案例经过

某年9月5日08:50，某电厂汽车采样机对豫NE××××煤车进行采样时，采样头卡死在煤车拉筋处，汽车采样机停止工作。汽车煤检员检查采样头发现下方有铁链，随即联系检修人员将采样头拉出，检查发现采样头有轻微变形。

2. 原因分析

经调查，豫NE××××车辆非第一次来厂，车辆数据已存入系统。本次入厂前，该车车门处添加数根铁链用于加固车厢，但是入厂识别时未告知计量人员更新车辆相关参数。汽车采样机仍以旧数据采样，最终导致采样头被铁链卡死。

3. 处置结果与经验教训

相关人员对该车锁车，并通知燃料物资供应部门对该车按照制度进行处罚。

本案例是由入厂车辆私自改变车内拉筋、支撑等装置引起，由此对设备采样造成了一定的损坏，依照制度进行相关处罚，合情合理。因汽车煤车司机流动性大，人员结构复杂，对其管理较为困难，电厂制定了较多关于煤车司机管理的条款，很难一一传达，只能由燃料物资供应部门传达给供煤方，再由供煤方告知煤车司机，这种层层转达的效果不佳，只有加大检查和处罚力度，形成强大的威慑作用，才能有效遏制司机违章行为的发生。

案例038

翻卸湿煤出故障　给料机堵煤严重

1. 案例经过

某年11月16日12:50，某电厂A路火车采样机控制柜发出清扫链故障报警，采样动作停止。火车煤检员立即通知燃料运行转B路翻车，并通知燃料维护人员处理。

2. 原因分析

14:00，燃料维护人员到现场，打开初级给料机后挡板检查，堵煤严重，立即进行清理。17:00，堵煤清理完毕后，设备试运正常。因翻卸煤种较湿，堵煤是造成清扫链故障报警的主要原因。

3. 处置结果与经验教训

对湿煤进行翻卸、采样时，必须对采样机缩分器、初级给料机等重要区域仔细检查，重点检查采样机初级给料机电动机、破碎机电动机、缩分器电动机等设备是否正常工作，有无异音；听初级给料机、集样桶有无落料的声音，听破碎机有无破碎煤的声音；检查缩分器内部有无堵煤、粘煤；用强光手电照射缩分器下部落料管至集样桶缝隙，看有无煤样落下；检查电脑采样机采样画面中"采样点数"和对应"桶号"是否有异常。只有岗位人员加强了对设备的检查，才能及时发现和消除缺陷。

案例 039

人工采样量不够　对比样品相差大

1. 案例经过

某年7月6日，某电厂甲矿火车来煤化验热值显示，机采样为4928大卡，人工样为4362大卡，机采样与人工样相差566大卡，该电厂立即展开调查。

化验指标见表1-2。

表 1-2　　　　　　甲矿煤样化验指标统计表

煤样编号	全水分 M_t（%）	空干基水分 M_{ad}（%）	空干基挥发分 V_{ad}（%）	空干基全硫 $S_{t, ad}$（%）	弹筒发热量 $Q_{b, ad}$（J/g）	收到基低位发热量 $Q_{net, ar}$（cal/g）
02（机采）	6.6	0.98	10.18	4.68	23174	4928
01（人工）	7.9	0.90	10.21	2.78	20803	4362

2. 原因分析

3日17:58，一列49节甲矿火车来煤到厂，根据燃料物资供应部门提供信息该矿第一次来煤且为高硫煤。18:10，煤检员A到轨道衡打印过衡单；18:25，将矿别信息录入燃料智能化系统；18:35，煤检员王某按照要求采人工对比样（编码为01）；18:50，将01样品送至火车采样室。4日04:30，燃料运行电话通知该列火车准备翻卸，煤检员王某检查采样机并做记录；09:00，人工对比样01送入制样室；11:00，翻卸完毕，煤检员李某取样（编码02）并做记录；5日09:00，机采样02送入制样室，正常制样；6日09:00，送至化验室。调取监控和人员调查，整个采样、制样过程设备运行正常，人员无异常行为。

实际情况是，煤检员王某人工采样点数不够，节数偏少，所采样品代表性差，导致机采样与人工对比样指标偏差大。

3. 处置结果与经验教训

采集对比样对分析煤质指标异常有重要意义，是要长期坚持的工作，岗位人员应引起重视，严格按照要求执行。采样时应按照国家标准的要求操作，不能随性而为。

很多事故的发生是因为我们麻痹大意，心不在焉，毛躁心急或是心怀侥幸等，这些不良心理正是违章违纪和事故发生的最大诱因。务必警惕这些违章心理，确保工作不出差错。

案例 040

系统设置有漏洞　采样设备出异常

1. 案例经过

某年7月12日15:20，某电厂汽车采样机正在对甲矿煤车进行采样，采样头插入煤中不动作，汽车采样员立即联系设备部热控检修处理。热控人员将采样机控制模式由"自动"改为"手动"拔出采样头，经检查未发现控制系统异常，怀疑液压系统故障，随即通知机务人员检修，未发现液压系统异常。

13日仍出现同样问题。机务人员再次检查发现液压系统散热器风扇未工作，热控人员检查温度测点未见异常，散热器风扇可手动启动。

14日，再次检查采样机系统，"油箱散热器控制方式"设置为"冬季"，修改设置为"夏季"后，散热器正常工作，修复液压系统油缸一处漏点后，采样机运行正常。

2. 原因分析

采样机系统"油箱散热器控制方式"设置为"冬季"，时逢夏季高温天气，汽车采样机液压系统散热风扇不能及时启动，液压油温度高，在采样头采样时泄压过多，加之液压系统有漏点，压力降低，导致汽车采样机不能正常工作。

3. 处置结果与经验教训

定期切换汽车采样机液压系统"油箱散热器控制方式"运行模式，在说明书及规程中均没有相关的描述，属于制度的缺失，有必要将此运行模式的定期切换列入规程（建议每年4月1日至10月31日设"夏季"，11月1日至3月31日设"冬季"）。再深入一步分析，油箱散热器风扇电动机控制方式仅有"冬季"不启动、"夏季"启动两种模式，这种液压系统油温控制方式不科学，若能对设备进行改造将这两种模式改为油温控制模式，确保油温高时能够及时启动散热风扇，将从根本上解决汽车采样机油温异常自动停机问题。

遇见问题多想一步，收获就会多一点，解决问题一定会更彻底。

案例 041

值班人员误操作　煤车未采先称重

1. 案例经过

某年10月15日，某电厂甲矿汽车来煤4车，计量人员按机采方式录入智能化系统。煤车到达3号地磅，汽车采样机未动作，却称重成功。汽车采样员立即联系智能化厂家处理，厂家回复系统设置关联异常。

16日09:30，智能化系统仍出现同样问题，智能化厂家再次处理，11:30恢复正常。

2. 原因分析

计量人员在对该矿与采样机关联时操作有误，误将煤车"机器采样/手工采样"模式设置为"手工采样"，实际应为"机器采样"，故导致汽车采样机不动作，煤车未采样却成功称重下磅。

3. 处置结果与经验教训

这是一起计量人员对智能化系统操作不熟悉的案例。随着智能化设备的更深入的使用，每位员工会接触到更多复杂的操作，对于智能化系统的学习愈加重要。

案例 042

刮煤皮带非标件　技术标准要固化

1. 案例经过

某年10月20日，某电厂汽车煤到厂1车，采样模式为机采，采样点数24个。09:55开始采样，至10:52采样结束，采样期间采样机无异常，取样时发现采样量过少，仅有4kg。经检查，采样机刮煤皮带过短，需更换刮煤皮带，18:30检修处理结束。

21日，汽车煤到厂6车，采样模式为机采，采样点数24个，质量8kg，采样量虽较之前增大，但仍不符合国家标准留样量。

2. 原因分析

检修工作人员经检查，再次更换刮煤皮带并调整后采样量正常。

3. 处置结果与经验教训

刮煤皮带为非标件，没有固定的技术标准，需要检修人员根据实际工况不断地调整，这给检修工作的开展带来一定的难度，拖长检修时间，势必影响接卸效率。值班人员不能坐等，要根据制度尽快地开启人工采样申请模式，确保不耽误卸煤。检修人员应将该非标件的技术标准记录在案，以便后续检修查找。

案例 043

热值波动太异常　皆因分属两家矿

1. 案例经过

　　某年4月8日至11日，某电厂汽车煤甲矿热值指标依次为4894、5764、4865、5834大卡，波动相对较大，其中9日和11日热值较以往热值高出较多，与该矿煤质不相符合，该电厂立即展开调查。

2. 原因分析

　　经查，9日该矿来煤5车，两车机采，3车人采，采样过程均严格按照国家标准要求进行，未见异常。复检6mm全水样及3mm备查样（见表1-3），热值分别为5691大卡和5775大卡，和正式样指标相差甚微，制样无异常。

表 1–3   甲矿 9 日样煤化验指标统计表

煤样编码	全水分 M_t（%）	空干基水分 M_{ad}（%）	干基全硫 $S_{t, d}$（%）	干燥无灰基挥发分 V_{daf}（%）	空干基弹筒发热量 $Q_{b, ad}$（J/g）	收到基低位发热量 $Q_{net, ar}$（J/g）	收到基低位发热量（折算成卡）（cal/g）
9 日甲矿（3mm）	6.40	0.88	0.36	9.51	26504	24147	5775
9 日甲矿（6mm）	6.40	0.90	0.36	9.65	26127	23797	5691
9 日甲矿	6.40	0.92	0.33	9.75	26443	24102	5764

11 日，甲矿汽车煤共1车，采样机故障。随后按照国家标准要求人采，采样无异常，且采样过程中目测该煤无大块粒度较小，无明显矸石，煤质较好。复检备查样热值指标为5922大卡，与正式样指标吻合（见表1-4）。

表 1–4   甲矿 11 日样煤化验指标统计表

煤样编码	全水分 M_t（%）	空干基水分 M_{ad}（%）	干基灰分 A_d（%）	干基全硫 $S_{t, d}$（%）	空干基弹筒发热量 $Q_{b, ad}$（J/g）	收到基低位发热量 $Q_{net, ar}$（J/g）	收到基低位发热量（折算成卡）（cal/g）
11 日甲矿	5.8	1.24	22.9	0.36	26.491	24.394	5834
甲矿对比	5.8	0.94	22.45	0.32	26.954	24.763	5922

采、制、化过程及复检样均无异常，煤检部门随后和燃料物资供应部门沟通，回复称此批次汽车煤为两家矿，热值有差别。

3. 处置结果与经验教训

经过调查得到的结果是指标无异常，似乎有些让人"失望"。但正是坚持不懈地开展的这些让人看似"失望"的调查，才成就一个个让人满意的结果。这样"失望"的调查仍将继续进行，为的就是有问题早发现、早处理。再者，遇到类似煤质问题应及时和相关了解部门沟通，以避免不必要的工作量。

案例 044

智能系统不熟悉　新矿信息难录入

1. 案例经过

某年4月5日15:00，某电厂到厂甲矿汽车煤，因甲矿为新矿，需在燃料智能化系统中录入矿别信息。但汽车采样员发现燃料物资供应部门尚未录入该矿合同信息，无法录入该矿，于是立即联系燃料物资供应部门添加。17:00，该矿合同信息添加仍不完整，无法录入燃料智能化系统。于是采制班要求燃料物资供应部门重新添加。燃料物资供应部门回复已经下班，次日再做添加。

6日，采制班联系设备部及智能化厂家处理，厂家远程检查，当日未修复。

4月7日09:00，智能化厂家人员告知如何修改及具体操作方法，故障消除，该矿接卸恢复正常。

2. 原因分析

由于燃料智能化系统识别信息录入不完整，导致后续操作无从下手，严重影响正常接卸。主要原因之一是煤检员对燃料智能化系统操作不熟练。

3. 处置结果与经验教训

煤检员应加强自我学习、提高操作技能，部门、班组应加大技能培训的力度，定期开展技能竞赛。

案例 045

风险意识不强烈　处理不当险酿祸

1. 案例经过

某年5月9日08:00，某电厂汽车煤检员马某验煤过程中发现甲矿存在分层现象，上下煤质不同，上部疑似劣质煤，约占整车1/3，于是和煤质监督员共同确认，并对现场煤质拍照留证，通知燃料物资供应部门和运行部该矿煤质异常，暂不接卸。同时煤质监督员对上部劣质煤采样作为对比样（编码为02），经化验热值指标为2650大卡。

08:30，交接班后，采制班长和当班汽车煤检员韩某、煤质监督和燃料物资供应部门到现场共同确认煤质，并要求当班汽车煤检员韩某按《入厂煤掺假使假管理规定》对该矿劣质煤和标准样分开两个煤样，按质量比例1∶1混合，作为该批次来煤的结算样。由于当天大雨，煤检员韩某忙于别矿采样验煤和处理其他事情，疏忽了对该矿采劣质煤样，只采了标准样与优质煤样。经化验，标准样热值3100大卡、优质煤样（编码01）热值4073大卡。

5月10日08:30，煤检部门得知该矿没有采劣质煤样，而且标准样已被制成正式煤样，立即采取补救措施，将煤质监督员采的劣质煤制样6mm和采样员所采的6mm标准样1∶1混合制样，作为结算样（编码04），对煤质监督员采的劣质煤样单独作出对比样（编码03），对煤检员采的标准样提取3mm复检（复检编码05）。

化验结果见表1-5。

表 1-5　　　甲矿01~05 号煤样化验指标统计表

煤样编号	全水分 M_t（%）	收到基灰分 A_{ar}（%）	干基灰分 A_d（%）	干基全硫 $S_{t,d}$（%）	干燥无灰基挥发分 V_{daf}（%）	弹筒发热量 $Q_{b,ad}$（J/g）	收到基低位发热量 $Q_{net,ar}$（J/g）
01	2.9	31.16	35.78	0.86	40	20448	4073
02	6	45.5	54.17	0.79	38.38	14190	2650
03	6	40.83	48.6	0.73	40.26	15609	2948
04	5.5	39.93	47.26	0.79	40.62	16.368	3120
05	5.5	38.43	45.47	0.75	39.33	17042	3250

从化验结果看，优质煤样01与劣质煤样02热值指标相差较大，标准样与结算样04热值吻合。

2. 原因分析

经调查，当班汽车煤检员韩某与矿方并无接触，排除其廉洁问题。但韩某对待异常煤质问题不够敏感，缺乏异常煤处置经验，在思想上没有保持高度警觉性，工作中没有严格按照制度执行。

3. 处置结果与经验教训

这个案例中，采样员马某能查出煤车掺假应当嘉奖，但事件却因采样员韩某的责任意识不强引起一系列问题，幸运的是煤检部门及时采取措施补救没有给公司利益造成损失。煤检部门对韩某进行了思想教育。

心理学家研究表明，人的行为是由人的意识所支配的。思想上高度集中，责任意识强，必然会在行为上约束自己，表现在行为上的积极向上。如果一个人的责任意识差，麻痹大意，行为就会变得非常随意，工作丢三落四，很容易导致失误的发生。为了保证任务的顺利完成，各行各业都制定非常严格的规章制度，但是，这些规章制度只是一种行为规范，只是一种外在的约束，在生产实践中是否遵守，主要还是要看自身的意识。

案例046

粗心大意混了样　硫分指标出异常

1. 案例经过

某年6月2日16:00，某电厂统计员发现上月30日火车煤甲矿硫分0.9%远高于预报指标，于是汇报煤检部门，煤检部门立即展开调查。

甲矿煤样包括有机采样（二期全自动制样机制样）和人工样（人工取全水），复检机采样3mm备查样和0.2mm分析样，化验结果接近，制样时设备无异常。复检人工样6mm全水样和机采样0.2mm分析样，人工样硫分为0.32%，接近来煤预报值，而机采样硫分为0.9%，差别较大（见表1-6）。

表 1-6 甲矿煤样复检指标统计表

煤样编号	全水分 M_t（%）	空干基水分 M_{ad}（%）	空干基挥发分 V_{ad}（%）	空干基全硫 $S_{t,ad}$（%）	干基灰分 A_d（%）	干基全硫 $S_{t,d}$（%）	弹筒发热量 $Q_{b,ad}$（J/g）
机采样 01	9.4	1.56	8.62	0.89	28.67	0.9	24280
备查 3mm 01（机采样）		0.59	8.77	0.9	27.73	0.91	25160
备查 6mm 01（人工样）		0.59	24.23	0.32	24.37	0.32	26570

5月30日23:40，甲矿火车煤55节入厂；31日00:07，火车煤检员李某将人工样放于火采室；31日08:30，火车煤检员李某向煤检员王某交接火车值班情况并告知A/B两路采样机已经全部清空，甲矿未翻车。接班后，煤检员王某将该列火车煤人工样送到人工制样室制样。09:01，煤检员王某接到燃料运行翻车电话通知。翻车期间，煤检员王某多次检查采样机运行正常。21:55，煤检员王某接到燃料运行电话称甲矿翻卸完毕，用A路采样机采样40节，B路采样机采样15节；23:00，煤检员王某将煤样取出，并检查采样机正常；6月1日10:10，当班火车煤检员张某将该列火车机采样用二期制样机进行制样，制样码为01，制样过程无异常。

火车采样机采样甲矿之前的上一列为乙矿高硫煤55节，干基全硫为4.92%。31日05:50，乙矿翻完，火车煤检员将煤样取出。翻车机值班员称，31日05:50～08:30之间没有翻车，但监控显示，31日06:30左右皮带有煤流大约持续30min，而燃料运行没有通知采样员皮带有煤流。

2. 原因分析

这起事件当时发生的实际情况为乙矿高硫煤翻卸完毕后，翻车机底仓煤没有拉空，翻车机值班员便通知煤检员取样；而后06:30时皮带启动进行拉空，采样机开始采样，造成采样机采甲矿前，样桶里已经存在上一列乙矿的煤样，造成甲矿指标异常。当班火车煤检员，翻甲矿前没有检查采样机，没有对收集器进行清空，造成甲矿煤样中混入上一列乙矿的煤样。

3. 处置结果与经验教训

这是一起因信息不准确引起的事故，确切来说是信息不准确和操作不规范叠加引起的事故。很多时候我们无法左右他人不犯错误，但是我们完全可以左右自己不犯错误。如果采样员规范操作，本次事件是可以避免的。

规程是对工艺、操作、安装、检定、维修等具体技术要求和实施程序所做的统一规定。任何人在执行任务时都严格按照操作规程来做，它能有效地控制和指导员工的行为，是提高工作质量的有效途径。

案例 047

违章指挥存侥幸 事故苗头暗中藏

1. 案例经过

　　某年6月5日11:10，某电厂汽车煤检员发现3号磅体上煤车车牌号与电子显示屏上车牌号不符时，立即急停采样机，并对磅体上车辆调换后重启采样机，但采样机卡死，随即联系检修处理。经查实，豫HG××××（甲矿）先上磅，采样机动作时发现汽车篷布未解开，后退下磅，煤场管理员违章指挥豫HE××××（乙矿）上磅过重采样。

　　至当日12:10，采样机未恢复，按制度要求，转人工采样。待煤检员验煤采样完毕后，上述煤车已出厂。后经燃料物资供应部门通知矿方，矿方称该煤车已结算完毕，司机不再来厂送煤，无法对该车扣吨。

2. 原因分析

该事件中，甲矿（车号豫HG××××）煤车司机无视《入厂来煤汽车管理规定》（入厂计量磅房、回空磅房均有粘贴），入磅前未揭篷布引发了一系列问题：采样机启动后，司机倒车下磅，煤场管理人员违章指挥乙矿（车号豫HE××××）司机上磅，当班煤检员急停采样机以致程序瞬间卡死。煤检员忙于人工采样申请、煤场采样，未及时查处问题车辆，使得违规车辆司机未能接受批评教育即离厂。

3. 处置结果与经验教训

整个事件中，违章人员包括采样员、煤车司机、煤场管理人员等，幸好发现及时，未引起混样甚至安全事件。试想一下，如果煤车司机倒车途中采样机启动采样，采样头刚好钻向驾驶舱，会是一个什么样的后果……那将是一起严重的安全事故。所有的事故背后都会有苗头呈现在人们面前，苗头背后都会有预兆提前给我们警示。如果我们是警醒的，这个苗头和征兆能让我们及早做好预备，如果我们还存在侥幸心理，根本没有发现事故的前兆和苗头，我们只能消极地等待事故的发生。本次事件中有关当事人应该受到教育，不论从技术手段还是从管理手段上都应该下功夫杜绝此类事件发生。

案例 048

计量衡保养不当　传感器全部损坏

1. 案例经过

某年6月21日07:00，某电厂3号地磅正常称重入厂汽车煤重车，当第5辆车行驶至磅体时，突然一声响动，计量仪表不显示数据。计量员立即检查3号地磅，磅体向东移动了7～10cm，10只传感器都发生不同程度的倾斜，当即汇报班长，联系地磅厂家到场检修。22日，厂家技术人员到场后，将10只传感器取出检测，外表均有不同程度的损伤，确定全部损坏，更换传感器、仪表，3号地磅恢复正常。

2. 原因分析

经分析，由以下原因导致地磅异常：一是地磅东西方向限位仅仅是焊在两个膨胀丝上，在地磅磅体发生偏移时没有真正起到限位的作用；二是为了确保地磅称重的准确性，曾用吊车把南边磅体抬高清理积煤，在磅体回落时传感器中心发生了偏移却没有及时发现；三是维护人员对地磅设备不重视，定期检查维护不到位；四是采样时撒煤严重且清理不及时，同时地磅地势较低，经常积水积煤，造成地磅部分设备严重腐蚀。

3. 处置结果与经验教训

传感器更换过程中，对限位进行了重新设计，全部满焊至地面和防护墙中间，确保限位能真正起到保护作用；利用燃料智能化建设对3号地磅上下出路面进行加高、后期加修排水系统和煤泥沉淀池处理，确保排水通畅；对3号地磅的地磅沟进行改造，在地磅沟上部加装防撒煤设施，确保采样撒的煤能及时清走。

这是一次偶发性的事件，但是不是可以预防呢？在后续的调查中我们发现不管是设备使用人员还是维护人员均没有对计量衡进行定期的检查和保养。如果做了这些工作，一定可以发现一些问题，及早解决，有效地避免所有传感器全部损坏的后果发生。

案例 049

车辆数据有偏差　采样操作出险情

1. 案例经过

　　某年1月14日14:20，某电厂汽车采样机对豫HK××××煤车进行采样时，采样头频繁在紧靠煤车拉筋处采样，当该车煤样采到第六个点（应采九个点）时，在采样头下落时，汽车值班员发现采样头有卡在车厢后车帮的趋势，马上急停设备，及时避免了采样头设备损坏。

2. 原因分析

　　工作人员对该车进行实时测量，发现系统录入数据与实际数据不一致，是导致该异常的直接原因。此辆煤车是首次来厂，车辆数据录入为司机提供的数据，事后测量发现司机提供的数据与真实数据存在20～30cm的偏差，司机提供数据不准确导致发生了此次采样头故障的风险。

3. 处置结果与经验教训

工作人员通知相关人员对该车锁车，同时通知燃料物资供应部门对该车司机按照制度进行警告，并作出扣吨处罚。

燃料物资供应部门与供煤方联系时，要告知煤车司机，提供煤车车身参数一定要准确。入厂车辆私自改变车内拉筋、支撑等装置时，司机一定要及时与计量值班员进行数据的核对、变更。

案例 050

掺杂使假不得逞　没占便宜反吃亏

1. 案例经过

某年2月28日，某电厂汽车来煤12车。09:00，当班汽采人员和监督员对该矿煤进行验煤采样。验煤过程中，他们发现该批来煤上下煤质不一，上部煤似掺有沙子、炉渣等细碎杂质（颜色为黑色），初步判断煤质较差，及时要求煤车司机不得卸车。

2. 原因分析

煤质异常经确认后，分别从煤车上部、下部各采一个对比样进行制样，并将两个对比分析样做弹筒发热量化验。化验结果显示，上部煤弹筒发热量15631J/g，下部煤弹筒发热量22942J/g，代入全水，热值分别为3010大卡、4521大卡，两者相差1511大卡。

按该电厂规定，该矿采劣质样53.45kg，正常样54.17kg，二者1∶1混合制样，化验热值作为结算热值。

3. 处置结果与经验教训

该电厂按照《入厂煤掺假使假处置管理办法》，对该矿进行扣吨处罚。对此，煤检部门、监察部门、燃料采购部、矿方均无异议，并签署《入厂煤掺杂使假处置单》。

任何时候，邪不压正，掺杂使假的伎俩在煤质验收人员的火眼金睛下永远不会得逞。

案例 051

精神疲劳出差错　两矿编码放颠倒

1. 案例经过

某年4月17日15:50，某电厂入场重车两节，分别是A矿和B矿的煤。当班火车采样员将此两矿别分别录入系统，待火车对位后，去采人工正式样，并提前写好煤样一级编码。化验数据出来后，两矿指标与所录矿别数据指标偏差较大。

2. 原因分析

经查，制样环节没有问题。与18日当天发的火车大列指标对比，调查人员确定数据异常是因为当班采样员在采样结束后，没有仔细核对磅单以致将采样一级编码放反。该电厂及时联系设备厂家的技术人员，将数据修正，4月21日15:30数据修正至正常状态。

3. 处置结果与经验教训

对于此次异常，该电厂给予当班火车采样员考核500元的处罚，以示惩戒。据调查，当日接卸任务重，共计接重车4列176节，当班采样员精神过度疲劳，但这并不等于可以作为思想松懈犯错误的理由。相反，越是在接卸任务繁重的情况下，越是要保持思路的清晰，每完成一个步骤要再三确认，避免出错。

案例 052

弃料筒意外堵煤　采样机故障报警

1. 案例经过

　　某年3月22日上午09:30，某电厂当班火采人员接到燃料运行火车采样机故障报警通知。采样员接到通知后，立即去火采室的火车采样机就地控制柜面板查看，显示缩分器故障报警，去缩分器就地检查时发现并确认是由于缩分器与斗提机连接的弃料筒堵煤造成了缩分器堵煤。采样员立即联系机务检修人员处理，10:00把缩分器及下部的堵煤清理干净后，试运恢复正常。

2. 原因分析

　　由于近期火车来煤水分过大，容易贴壁。缩分器与斗提机连接的弃料筒不容易检查，造成检查的盲点，导致斗提机下部疏于检查，积煤过多，造成疏煤不畅。

3. 处置结果与经验教训

　　此异常是由于火采人员工作不认真造成的，其没有根据来煤水分的大小做好必要的事故预想和防范措施。遇到来煤水分大的情况，对容易贴壁堵煤的部位要加强检查，尤其是对缩分器与斗提机连接的弃料筒要进行敲击检查，确定下料正常。根据实际情况，建议应在缩分器与斗提机连接的弃料筒中间部位加装观察门。

火电厂
燃煤采制化
异常分析与处置
100例
（彩图版）

第二篇
制样案例篇

制样的目的是通过破碎、混合、缩分和干燥等步骤将采集到的煤样制备成能代表原来煤样特性的分析（实验）煤样。它在采制化误差约占比16%，相比采样误差占比较少，但仅仅属于在概率上的统计，实际操作中，制样的错误将直接导致整个采制化的异常。制样操作具有很强的技术性，操作过程复杂，每一个环节的不规范将引起煤样的代表性降低，导致指标错误。

案例 058

制样员贪小便宜　五万元换三年刑

1. 案例经过

张某某，男，1986年10月出生，汉族，初中文化，原某电厂采制样员，2008年9月至2009年12月在某电厂工作。2009年10月份，张某某利用在电厂负责制样工作的职务便利，非法收受供煤商石某某夫妇二人贿赂人民币共计5万元。

2. 原因分析

制样员为贪小便宜，收受供煤商贿赂，不惜铤而走险，为其提供帮助。

3. 处理结果与经验教训

2010年12月，当地人民法院作出刑事判决，张某某犯受贿罪，判处有期徒刑三年，缓刑五年。

案例 054

采样制样谋私欲　一失足成千古恨

1. 案例经过

李某某，男，1987年4月出生，汉族，大专文化，原某电厂采制样员。

2008年8月至10月，被告人李某某利用担任某电厂负责采样、制样的职务便利，在对该电厂所采购的煤炭进行采样、制样过程中，先后收受供煤商海某某、郭某、焦某某贿赂款共计人民币4.3万元，并为其谋取利益。

2. 原因分析

采制样员多为刚步入社会的年轻员工，在现实的诱惑面前，定力差，有时会因一念之差，走上犯罪道路，一失足成千古恨，再回头成百岁人。

3. 处置结果与经验教训

2010年6月，当地人民法院作出刑事判决，李某某犯受贿罪，判处有期徒刑三年，缓刑四年。

案例 055

制样员受贿5万　事败露锒铛入狱

案例简述

张某某，男，1985年6月出生，汉族，初中文化，原某电厂采制样员。

2009年11月份，张某某在某电厂工作期间，供煤商石某某为达到在以后送煤制样时让张某某给予帮忙的目的，指使其侄子石某给张某某送人民币5万元。张某某接受5万元后据为己有，其行为已构成受贿罪。张某某到案后主动坦白，积极退赃，具有立功情节，请求依法给予从轻或减轻处罚。

2. 原因分析

采制样员属于敏感岗位，组织上要加强对员工的思想教育，增强抗腐防变的能力，同时应及时发现苗头，采取有效应对措施，本案张某某能在案后主动坦白，积极退赃，说明他只是因为一念之差，造成后悔莫及的后果。

3. 处置结果与经验教训

2010年11月，当地人民法院作出刑事判决，张某某犯受贿罪，判处有期徒刑三年，缓刑四年。

案例056

分析样人为更换　发热量高出许多

制样

送样

化验

1. 案例经过

　　某年12月25日，汽车煤甲矿化验指标低位发热量为5806大卡，比正常值高出约500大卡。某电厂煤检部门与燃料物资供应部门、监察部门共同取出共存样、3mm备查样以及0.2mm分析备查样进行化验，复检结果均为4550大卡左右，相关部门立即展开调查。

2. 原因分析

　　经调查，12月24日仅有两个汽车煤样，分别为甲矿与乙矿，其中乙矿为煤泥，指标正常，不存在混样可能。调取监控，结合复检结果，最后确认在磨样、送样、化验的三个送样过程中

0.2mm分析样被人为更换，而且换样过程躲过了监控的监视。

通过此次事件暴露出以下问题：对制样（制备0.2mm的阶段）、送样和化验等环节的监管仍存在较大盲区，出了事故不能及时定位异常环节，落实责任人。

3. 处置结果与经验教训

对某电厂磨样人员做待岗处理；0.2mm分析样制备过程班组长必须监督到位，完成后用标签封口并签名；将送样用的编织袋改为加锁的铁箱，送样前由采制班组长上锁，送至化验室后由化验班长开锁取样。

团队中的害群之马有时候是隐蔽的，很难被发现，这些人往往让人心慌意乱，拖所有人的后腿，而且他们还具有一定的传染性，我们能做的就是把他们揪出来，剔除掉。

案例05

转接皮带频故障　设备改造大胆试

这次改造争取一步到位。

案例经过

　　某年9月7日至9日，某电厂全自动制样机弃料转接皮带连续出现弃煤样时水平皮带下沉到锥钉下方、斜坡处皮带上绷至锥钉上方的情况，不能将弃样正常排出。皮带一侧边缘已磨损变形，调整皮带端部膨胀螺丝复位皮带，仍会出现上述情况。

原因分析

　　经多次试验、现场排查，工作人员找到引发该故障的主要原因为三点：一是暂存箱下方开口太大、横截面煤厚度大，磨损的弃料转接皮带不能承受该弃煤重量；二是两侧的膨胀螺丝调节不平衡；三是弃料转接皮带延伸至屋外，热胀冷缩变化不均匀。

3. 处置结果与经验教训

　　维护人员制定了解决方案，在暂存箱出口加堵板，弃料转接皮带中间两颗锥钉上方加垫片，经过反复调整堵板及输送弃煤试验，使改造后的弃料转接皮带运行正常。

　　这是一起通过进行设备改造从而消除缺陷的案例。对于设备改造，要充分考虑改造的必要性、技术上的可能性和经济上的合理性，只要这三个方面都成熟，便可以大胆实施，以此来改善设备的性能。

案例058

图省事心存侥幸　备查样不符要求

你这个样品不符合要求呀!

1. 案例经过

某年7月9日，某电厂制样员张某、赵某当班。张某将甲煤样制好装瓶后送样，随后发现该样品的分析样漏送，便将分析样瓶通过气动传输传往化验室，途中样瓶卡到管道内。张某为了节省时间，提取该样品的0.2mm备查样送至化验室，化验员发现该0.2mm备查样研磨颗粒度不合格，打回制样室。此时厂家成功孝出卡在管道里的样瓶，制样员送到化验室，经化验，热值无异常。

2. 原因分析

从这次制样工作中看出，制样员张某未将0.2mm备查样研磨合格，直接装瓶存到存样柜，存在侥幸心理。

3. 处置结果与经验教训

制样员张某工作责任心不强，负主要责任，考核300元；制样员赵某未起到监督提醒的作用，对岗位职责认识不足，负次要责任，考核200元。

责任心是干好任何工作的基础，制样工作也不例外。有了责任心，我们会把我们的工作视同我们的天职，就不会漠视规章制度，也不会随便地违反操作规程。纵观各类违章行为，都是因为不负责任造成的，不负责任才是工作中最大的隐患。

案例 059

案例 059

过筛要求没达标　样品不具代表性

1. 案例经过

某年7月25日，某电厂发现在抽查的煤样中，甲矿、乙矿两个煤样收到基低位发热量原始化验结果与抽查检测值相差较大，超过了国家标准允许范围。具体见表2-1。

表 2-1　　　　　甲乙两矿煤样发热量统计表

矿别	制样码	原始化验结果 （大卡） （cal/g）	抽查化验结果 （大卡） （cal/g）	差值 （大卡） （cal/g）
甲矿	01	5459	5177	282
乙矿	02	5625	5830	−205

2. 原因分析

经调查：甲、乙两矿3mm备查样，筛上物较多分别为17%、19%，超出过筛要求。两个煤样在3mm备查样制备阶段，部分煤样没有全部过3mm圆孔筛，粒度大导致缩分的不均匀，从而造成0.2mm分析样不具代表性，使化验结果偏离真实。甲矿煤样品偏湿，3mm二分器易堵塞，导致缩分误差；乙矿煤质难磨，0.2mm分析样制备时研磨料钵未能按照要求彻底清理。

3. 处置结果与经验教训

造成此次事件的原因是制样人员责任心不强，未严格按国家标准进行操作。制样每次都是两人操作，制样人员在严格要求自己的同时，也要监督好身边的人，信任不等于不监督，工作要从细节做起，不能因为赶工作进度而降低工作标准。

案例 060

班组成员合作差　留样未制难弥补

1. 案例经过

　　某年8月2日，某电厂制样员准备制样，检查发现编码01、02的煤样分别各为两桶样，都是一桶有原始码、制样码，而另一桶仅有原始码，于是他判断为这两个煤样是未采完样、未翻车结束，所以未制01、02煤样。3日，班长检查该煤样仍未制。

2. 原因分析

　　经调查，火车煤检员在送样时煤样编码没有放全，而且没有交代送样情况；制样员发现编码不全没有询问提醒而是误判断，导致样品没有按规定时间制样。

3. 处置结果与经验教训

煤检部门强调各岗位必须当面交接工作，班组开好班前会、班后会，发现问题及时沟通处理。同时对制样员、火车煤检员各考核200元。

班组是一个团队，大家要有合作的意识，才能确保工作的顺利完成。本案例送样人员固然有错，但制样人员在发现没有编码的样品后若能给同事提个醒，就不会发生类似的事件。我们应该转变观念，在工作中主动积极配合团队建设，不断地提升自己，每一名员工在知识、能力、才华、经历等方面都会有差异，这些差异会使我们对待工作时产生不同的想法，多听听同事的意见建议，我们会得到很多的启发。俗话说"天时、地利、人和"，我们一定要做好与同事的良好沟通，在与同事合作上下功夫。

案例 061

研磨人员不细心 分析样品搞颠倒

1. 案例经过

某年8月9日，某电厂煤样化验时发现甲、乙两矿化验指标疑似颠倒，而两个矿别以往的指标相对比较稳定，相关部门立即展开调查。

2. 原因分析

经调查，甲、乙两矿火车到厂时间相差不足1小时，两列火车相继翻卸完毕，煤样一同送至制样室。通过翻阅记录及监控，排除采样编码弄混，核对样瓶号码正确。复查甲、乙矿的3mm备查样，复查结果与原始结果指标颠倒，两个煤样的0.2mm分析样在研磨后装错样瓶。

3. 处置结果与经验教训

此事幸好发现及时，未造成公司经济损失，未与矿方产生纠纷。当班制样员李某不细心装错瓶负主要责任，王某不履职尽责、监督不到位，各考核500元。

履行责任是实现人的全面发展的必由之路。每个人只有在全面履行责任中，才能使自己的潜在能力得到充分挖掘和发挥。要把职业当作一生的事业，忠诚爱企，做好本职工作，身不离岗，责不离心。只有这样，每个人才能在推动企业发展、社会进步中，实现个人的发展，进而最大限度地实现自身价值。

案例 062

接料盒未清彻底　精煤中误混劣煤

1. 案例经过

某年8月21日，某电厂统计员发现汽车煤甲矿热值异常，全水较低、热值远高于正常值，相关部门立即组织展开调查。

2. 原因分析

监控显示，在制备甲矿煤样前"洗样"，制样员未对制样机"全水样"抽屉进行彻底清理。缩分时，制样员发现分析样抽屉样量不够，错误操作将全水样抽屉的煤样（实为混合样）全部倒入，造成该煤样混样。调查人员查阅制样记录，上一个煤样为精煤，热值高，而甲矿为劣质煤。

3. 处置结果与经验教训

幸好此事被统计员及时发现，未造成电厂经济损失。当班制样员张某未清理残留煤样又错误操作造成混样，制样员赵某不履职尽责、监督不到位，各考核500元。

一般情况下，制样人员在制样过程中要做到制完一个样再进行下一个，要一气呵成，杜绝外界干扰，才能将此工作做细、做精、做好。大多数的工作并不是因为人的能力不够而做不到高质量的完成，而是人们缺乏责任心。由此可见责任心远比能力更重要，因为责任心承载着能力，责任心可以改变对待工作的态度。只有强化了自己的责任心，才能充分发挥自身的能力，把工作做好。

案例 068

草率制样不规范　灰分热量出异常

1. 案例经过

某年7月，某电厂入厂煤样抽检20个，其中两个煤样干基灰分、干基高位发热量均超差，样品编号为01、02。

化验结果见表2-2。

表 2-2　　　　　01~02 号样品化验指标统计表

指标	煤样编号	干基灰分 A_d （%）	干基全硫 $S_{t,d}$ （%）	干基挥发分 V_d （%）	弹筒发热量 $Q_{b,ad}$ （J/g）	干基高位发热量 $Q_{gr,d}$ （J/g）
报告值	01	23.18	0.56	9.26	26789	26927
检验值	01	22.51	0.54	9.43	27365	27424

指标	煤样编号	干基灰分 A_d（%）	干基全硫 $S_{t,d}$（%）	干基挥发分 V_d（%）	弹筒发热量 $Q_{b,ad}$（J/g）	干基高位发热量 $Q_{gr,d}$（J/g）
差值	/	0.67	/	/	/	−497
允许 T	/	0.50	/	/	/	300
报告值	02	38.29	0.83	11.71	21122	21189
检验值	02	37.11	0.78	11.73	21586	21616
差值	/	1.18	/	/	/	−427
允许差	/	0.70	/	/	/	300

2. 原因分析

灰分化验误差原因主要为测试方法不同。一是由于快灰法存在固硫作用的原因，其比慢灰法灰分结果要偏大。查找原始记录，这两次测试都是使用的自动工业分析仪，不存在方法误差。二是人员操作误差，不同人员操作习惯不同，会造成一定的误差。对超差煤样01、02又进行了验证，化验时也带了标煤，都在合格范围内，同次抽查的其他煤样都没有超差，所以排除了人员操作误差的可能。

发热量超差原因为仪器热容量不准确、室内温度不稳定等。化验量热仪测试前用标煤进行了准确度验证，都在合格范围内；室内温度较稳定，室温符合国家标准要求。所以化验误差不会造成发热量大幅度波动。

通过以上对比、分析，两个样品的化验值与原报告值相比都是灰分减小，发热量增大，符合发热量与灰分相关性的变化规律，说明超差的主要原因在制样。制样人员在使用二分器时存在不规范操作，样品分样不均匀导致化验指标超差。

3. 处置结果与经验教训

相关部门强调，采、制、化人员严格按照国家标准操作，定期调取监控、抽查煤样，发现不规范操作严格考核当班人。

一个动作，一种行为，多次重复，就能进入人的潜意识，变成习惯性动作或者习惯思维。也可以说，习惯是一种长期形成的思维方式、处世态度，习惯是由一再重复的思想行为形成的。习惯具有很强的惯性，像转动的车轮一样。人们往往会不由自主地启用自己的习惯，不论是好习惯还是坏习惯，都是如此。一般来说，习惯可以在有目的的、有计划的训练中形成，也可以在无意识状态中形成。而好的习惯必然在有意识的训练中形成，这是好习惯和坏习惯的根本区别。任何一种好习惯的养成都不是轻而易举的，需要长期不懈地坚持，最根本的还在于平时有意识地严格遵守规程，逐步培养。

案例 064

制样设备有残留 化验数据现异常

1. 案例经过

某年2月5日，某化验数据显示乙矿（编码02）热值、硫分均与日常来煤差别较大，相关部门立即展开调查。

化验结果见表2-3。

表 2-3　　　　　　乙矿煤样化验指标统计表

煤样编号	全水分 M_t （%）	干基灰分 A_d （%）	干基全硫 $S_{t,d}$ （%）	干基挥发分 V_d （%）	弹筒发热量 $Q_{b,ad}$ （J/g）	低位发热量 $Q_{net, ar}$ （cal/g）
01	7.20	28.39	3.78	10.1	24536	5193
02	9.50	25.64	2.31	11.44	25908	5376

经调查，2月4日，班组人员较少，制样员何某负责火车及二期全自动制样机，制样机厂家人员协助操作，依次制取甲矿01（两桶，22.35kg）、乙矿02（一袋，19.30kg）。09:35，制样员何某接到调度通知，火车入厂43节，于是按制度要求联系了煤质监督员采取人工样，厂家技术人员单独跟踪制样。待制样员何某处理好火车一系列操作返回二期制样机室时，01、02煤样已制好。调取监控，厂家技术人员无异常行为，制样设备无异常。

2. 原因分析

乙矿02化验指标硫分偏高较大，热值也有偏差，有混样迹象。若在初级破碎缩分环节有残留煤样，按比例算，乙矿硫分0.4%，甲矿为3.78%，若乙矿煤样要达到硫分2.31%，甲矿残留煤样量要达到乙矿煤样量的50%，即9.65kg以上，因系统有清洗程序，甲矿来煤全水为7.2%，煤质较干，不足以造成较大残留。调查人员经询问得知，制备02煤样时，厂家技术员没有对易残留样的分析样相关设备检查清理。因此，乙矿在制备0.2mm分析样时发生混样，导致化验指标偏差。

3. 处置结果与经验教训

部门规定：①自2月6日起，二期全自动制样机制样时制样员全程跟踪；②制样前重点检查称重斗、各输送皮带、缩分二分盘、弃样暂存箱是否清空；③制样中观察设备运行情况，出样是否流畅；④制样后检查设备有无残留，重点检查6mm全水样、3mm备查样、0.2mm分析样质量是否在正常范围内。

自动制样设备正式投入运行后，尚不能适应实际的工况要求，在制样过程中，如何预防设备内的煤样残留成为全自动制样的重中之重。制样员要肩负起责任，协调厂家技术员做好试验排查、解决问题，防止混样，争取煤样达到100%合格。

案例 065

过筛操作太随意　样品指标不达标

1. 案例经过

　　某年9月20日，某电厂发现抽查样（编码01）化验热值为5600大卡，而原始热值为5178大卡，相差较大，相关部门立即展开调查。

　　经调查，当班制样员为张某、王某、赵某（实习）。09:00，火车值班员送一袋火车样01，质量20.32kg。09:40，制样员赵某清理设备后，将01煤样倒入联合制样机。09:50，制样员张某将联合制样机料斗内煤样取出，经6mm二分器缩分出一份全水分煤样，并正常留样。09:55，制样员王某将留样破碎、研磨后未经3mm圆孔筛，直接通过二分器缩分出3mm存查样及0.2mm分析样。

制样员王某未按国家标准要求操作，煤样未全部通过3mm圆孔筛，也没有正确使用3mm二分器缩分，致使该样品由于缩分不均匀，代表性降低，造成备查样与正式样热值偏差较大。

制样员王某操作不正确考核300元，制样员张某没有起到监督作用考核200元，制样员赵某实习阶段暂不考核。

养成良好的行为习惯，不是一日之功，要求员工提高自律意识，常敲警钟，时刻提醒自己，违规操作比不作为更可怕，要从日常点点滴滴的规范做起，一举一动依规按章，养成"上标准岗、干放心活、坚持规范操作"的好习惯。

案例 066

违规操作隐患大　煤样指标超范围

1. 案例经过

某年8月，某电厂抽查煤样共16个，其中0.2mm煤样5个，3mm煤样11个，发现5个煤样指标超过集团公司允许差，分别为0.2mm煤样01，3mm煤样02、03、04、05，具体指标见表2-4。

表2-4　　　　　01~05号煤样化验指标统计表

煤样编号		01	02	03	04	05
干基灰分 A_d （%）	报告值	44.47	30.74	29.77	26.85	20.8
	检测值	45.4	29.39	29.21	24.38	20.14
	差值	−0.93	1.35	0.56	2.47	0.66

煤样编号		01	02	03	04	05
干基挥发分 V_d （%）	报告值	7.82	11.14	10.12	10.06	8.91
	检测值	7.72	11.05	10.01	10.11	9.01
	差值	0.1	0.09	0.11	−0.35	−0.1
干基全硫 $S_{t,d}$ （%）	报告值	0.47	3.74	2.28	3.35	4.21
	检测值	0.45	4.24	2.39	3.65	4.13
	差值	0.02	−0.5	−0.11	−0.3	0.08
干基高位发热量 $Q_{gr,d}$ （J/g）	报告值	17.93	23.18	23.62	24.36	27.33
	检测值	17.87	23.57	23.9	25.11	27.44
	差值	0.06	−0.39	−0.28	−0.75	−0.11

2. 原因分析

全自动制样机制样异常分析：煤样02、03、04为二期全自动制样机制样，调取3mm备查样，过筛率达不到国家标准要求（见表2-5），会加大制备0.2mm分析样缩分误差。现场检查制样机，3mm煤样烘干后要进入的落煤斗有煤粉残留，残留煤样进入下个煤样会造成0.2mm煤样失真。

表2-5　　　　　02~04号煤样过筛率统计表

煤样编码	筛尺寸（mm）	样品质量（g）	筛上物质量（g）	过筛率（%）	备注
02	3	977	180	81.57	不合格
03	3	1002	129	87.1	不合格
04	3	1067	84	92.2	不合格

人工制样01异常分析：复检0.2mm分析样、3mm备查样，3mm备查样与当天化验结果相差0.52%（干基灰分），符合集团公

司要求；化验室0.2mm存样与当天化验结果相差0.18%（干基灰分），符合集团公司要求；只有0.2mm备查与当天化验结果相差0.93%（干基灰分），超出集团公司要求（0.84%）。检查3mm备查样，过筛率只有89.4%，达不到国家标准要求，存在强制过筛情况。在制样过程中，从3mm煤样缩分出两个100g分析煤样时，由于缩分不均匀，造成此次异常。

人工制样05异常分析：重新化验0.2mm化验煤样和3mm备查样，3mm备查样与当天化验结果相差0.05%（干基灰分），符合集团公司要求；化验室0.2mm存样与当天化验结果相差0.05%（干基灰分），符合集团公司要求；只有制备抽查样当天所制的3mm煤样与当天化验结果相差0.66%（干基灰分），超出集团公司要求（0.6%）。制备抽查样当天从3mm煤样缩分出100g煤样过程中，缩分不均匀，没有彻底清理二分器，研磨碗有残留，是此次样品超差的主要原因。

3. 处置结果与经验教训

随着管理的深入，煤检部门要求每月增加抽查样的频次和数量，目的就是及时发现在采、制、化过程中存在的一些潜在的问题，做到早发现、早处理、早解决，以保证采制化的工作质量，保证集团公司抽查样不出差错，事实也证明效果显著。

某年9月25日，某电厂化验结果显示甲矿化验热值为3702大卡，与乙矿接近，而甲矿日常来煤热值2200～2500大卡，煤检部门立即展开调查。

复检3mm备查样，化验热值为3628大卡，排除化验结果错误。

单位调取监控发现，24日07:40，汽车煤检员马某送丙矿煤样两袋，其中一袋未编码，送样未登记；15:53，当班汽车煤检员刘某送样甲矿1袋、乙矿两袋，堆放在制样室北侧。当班制样员安某检查制样室煤样，发现其中1袋煤样没有编码（实为07:40所送丙矿煤样），于是将没有编码的煤样放到制样间南门口；19:33，制样员马某制取丙矿煤泥全水样两袋；19:37，制取甲矿煤泥全水样1袋；19:42，制取乙矿煤泥全水样1袋，北墙边一袋有编码煤泥、南门口一袋没有编码煤泥没有制取。20:10，制样员马某磨样，制样员安某打扫卫生时，将没有制样的两袋煤泥清除。

2. 原因分析

根据监控记录，该电厂发现制样员马某误把乙矿两袋煤样分别当作甲、乙矿各一袋制样，而真实甲矿煤样被人为弃掉。

调查还发现，两名汽车煤检员均未按要求登记样品；汽车煤检员马某没有按照要求编码；汽车煤检员刘某送样时未分开矿直接堆放；对比采样量，三家矿基本相同，但实际来煤甲矿24车、乙矿6车、丙矿5车，数量相差较多，说明汽车煤检员刘某未按要求进行采样；制样员马某制备煤泥全水样时直接铲出几块，未使用压板和四分器进行规范操作，取样随意性较大；制样员安某清理未知煤样时，发现异常煤样未汇报，违规处理。

3. 处置结果与经验教训

部门对以上人员考核并强调，采制人员要严格按照国家标准操作，制样室规划待制样区、弃样区并标示序号，要做好送样、制样记录。

调查一起某矿热值异常的起因，结果却发现众多的问题……

这是一个什么样的状态，参与整个工作流程的所有人员全部违章，大家都抱着这种心态工作，何谈工作精细化！

案例 069

备用设备不可用　管理短板尽快补

1. 案例经过

某年10月16日，某电厂制样员清理料钵时，发现研磨机电动机、减速机发生故障，同时备用研磨机也发生故障，0.2mm分析样无法制备，于是立即联系检修，但当日没有修复。17日08:30，检修人员称研磨机电动机轴承损坏需备件，减速机备件需外送加工；10:30，电动机修复；10:45，修理备用研磨机；19:40，备用研磨机修复，正常投运。

2. 原因分析

制样室两台研磨机都较陈旧，一旦发生故障就会暂停分析样制备，影响化验结果准时报出；维护部门缺少相关备件，导致不能在最短时间内修复损坏的研磨机。

3. 处置结果与经验教训

为了保证正常工作，部门紧急采购了一部研磨机。

因一个小小的研磨机致使整个采制化流程中断，化验结果无法及时报出。有些时候，一个小设备的故障将会引起整个流程无法继续。美国管理学家彼得提出木桶原理又称短板理论，其核心内容大家都很熟悉："一只桶盛水的多少，并不取决于桶壁最高的那块，而恰恰取决于桶壁最短的那块"。管理上要提升，必须要补短板。

案例 069

存样柜故障频发　供购方需要联动

哇，又报警了！

1. 案例经过

　　某电厂全自动存样柜运行不稳定，经常性不能存样、不能弃样。主要常见故障为弃样作业无报警终止、PLC不在线、机械手抓样瓶在弃样口不工作、弃样失败、PLC繁忙、"X轴"或者"Y轴"故障等。

2. 原因分析

　　全自动存样柜技术不成熟，软件、硬件持续稳定工作性能差；一些常见问题厂家技术人员没有从根本上解决；操作人员没能深入细致学习全自动存样柜设备说明书，缺乏对基本常见故障的处理能力；设备维护人员技术水平有限，维护不到位。

常见故障处理措施：程序突然中断不能存样、弃样，应点击操作"取消弃样"，回到操作界面后若程序仍不运行，拍下急停按钮并旋起来，初始化系统；若报PLC不在线，需将PLC断电后重新送电；若机械手抓样瓶在弃样口不工作，将样瓶施加外力，使瓶子落下即可；若报弃样失败，点击确定，重新弃样，若仍不动作，拍下急停按钮并旋起来重新弃样即可；若PLC繁忙，将PLC断电后重新送电，重启PLC；若报其他问题，经重启后仍不能运行的，及时联系厂家处理。

对于一些小问题要及时发现，及时督促维护人员或者厂家处理，避免问题积少成多，导致问题恶化。

自动存样柜技术不成熟，常见问题厂家都不能解决，这是客观存在的问题，我们应积极地协同设备部与厂家保持紧密沟通协调，尽快地解决现实存在的诸多故障，同时我们还要加强智能化相关设备异常处理能力。

案例 070

编码信息复核错　化验指标难生成

1. 案例经过

　　某年4月5日，某电厂甲矿汽车煤煤样不能正常解码，化验指标无法自动生成，煤检部门立即展开调查。

　　经调查，4月3日15:30，当班汽车煤检员生成汽车煤甲矿制样码2017××××05，将对应的分样码（2017××××××6052）、采样码（2017××××××1155）记录在《煤样编码单》中，并将编码单完善后送入统计室。4日15:43，化验报表没有生成，化验员联系采制班长处理，该班长正忙于其他事而没有详细了解情况及时调查处理。5日08:30，统计员再次反应情况，采制班长核对智能化系统，发现该制样码2017××××05实际关联的分样码为

2017×××××2982（编码单无该码），并没有相对应的采样码。工作人员联系厂家修复为正常数据，该矿煤样得以正常解码。

2. 原因分析

4月3日，矿别较多，多个采样码、分样码且各级编码较长、号段相近；另外智能化系统服务器长期不重启，造成很多冗余的DLL程序，系统出现冗余的分样码。煤检员在生成制样码时，受到干扰，操作失误，误将冗余的分样码2017×××××2982链接制样码2017××××05。

3. 处置结果与经验教训

这是一起人为误操作的案例，制样员错误链接了未知的信息，如果矿别之间出现错位链接，那将是一件煤质异常的案例。

值班人员在生成采样码、分样码、制样码等信息后，应再次核对编码信息，核对顺序为制样码、分样码、采样码，确定信息准确无误后，在煤样编码单上按矿别对应填写一级码、采样码、制样码、分样码，在制样记录本送样记录处填写一级码相对应的制样码。煤样编码单送至统计室统一保存；定期重启各电脑（建议每两周重启一次），以释放内存，缓解CPU压力，关闭冗余的DLL程序，保证系统稳定。

案例 071

破碎机筛子裂纹　过筛率连日偏低

1. 案例经过

　　某年11月27日，某电厂二期全自动制样机制样做筛分试验，0.2mm分析样总质量130g，筛上物25g，过筛率80.8%，不符合国家标准要求。

　　为了进一步验证制样机的性能，部门抽查最近5个0.2mm分析样做筛分试验，过筛率均不达标。结果见表2-6。

表 2-6　　　0.2mm 分析样筛分试验指标统计表

日合试验	样样编码	粒度	总样重	筛上物重	过筛率
25 日	L01	0.2	130	25	80.76
26 日	对比 01	0.2	110	35	68.18
26 日	对比 02	0.2	136	33	75.73
26 日	01	0.2	82	10	87.80
26 日	02	0.2	183	38	79.23
26 日	03	0.2	147	13	91.15

通过指标的综合分析，最终将造成指标异常的原因锁定在了0.2mm筛网上。由于筛网间隙较小，无法直接看见，用手机反向拍照发现0.2mm破碎机筛子有裂纹。正是此裂纹导致部分0.2mm煤样没有经过筛子，直接经皮带进入样瓶，最终导致0.2mm分析样过筛率不达标。筛子裂纹见图2-1。

图2-1　有裂纹的0.2mm破碎机筛子

3. 处置结果与经验教训

全自动制样机制样期间，每周要做2次0.2mm分析样筛分试验，发现有过筛率不达标的要立即查明原因并及时处理；设备部要购置相关易耗品，确保备件充足，故障后能够及时更换设备的备品备件；对化验室因颗粒度不合格打回的采制班的样品，要认真分析原因。

全自动制样机分析样送至化验室时，化验人员发现不合格会要求制样室重新研磨，以确保化验指标的准确性。全自动制样设备投入后，相关人员没有对0.2mm粒度不达标情况足够重视，没有对0.2mm过筛率低的原因展开分析，只是听之任之，致使连续一周出现0.2mm分析样粒度不合格。在此过程中但凡有一个人多问一个为什么，问题就会及早发现，尽早处理了。

案例072

转换开关突跳变　破碎机停止运行

1. 案例经过

某年4月5日，某电厂二期全自动制样机正在制备最后一个煤样，煤样在破碎时，突然破碎机停止运行，整个系统程序运行中断，无报警信号。制样员将煤样取出，转人工制样，通知设备部检修，并组织班组人员分析，查找原因。

2. 原因分析

工作人员全面检查设备时，没有发现电缆焦糊味和机构卡涩、电源中断情况。二楼汽车采样机正在检修试运，由于不是同一路电源，采样机突然启动产生的脉冲干扰，不会造成该设备停运。经过反复检查、试运系统，工作人员发现0.2mm分析样和3mm备查样操作机构控制屏"自动/手动"转换开关不稳定，因为设备本身的震动会出现瞬间断电，造成程序骤停，所以，两个转换开关跳变是造成此次异常的主要原因。

3. 处置结果与经验教训

工作人员更换转换开关后，故障消失。

新设备运行一段时间，很多问题会逐渐地暴露出来，我们要正视缺陷，以问题为导向，深挖狠刨，努力提高自身的技术和业务水平。

案例 073

制样设备有缺陷　煤样指标不合格

1. 案例经过

　　某年1月，某电厂在抽查煤样结果时显示，其中1个煤样指标超过集团公司规定的允许差，该煤样指标为3mm备查煤样01，具体指标见表2-7。

表 2-7　　　　　　01 号煤样化验指标统计表

煤样编号	样品种类	干基灰分 A_d （%）	干基挥发分 V_d （%）	干基全硫 $S_{t,d}$ （%）	干基高位发热量 $Q_{gr,d}$ （J/g）
01	报告值	35.35	19.33	1.47	22.12
	3mm 备查	37.56	19.52	0.48	20.99
	差值	−2.21	−0.19	0.99	1.13

煤检部门立即展开调查。制备该样当天，采制班长安排汽车采样员王某跟踪二期智能化制样，当天二期共接样3个（顺序为03、02、01），出现异常样为最后制样的01。14:10，制样员王某用全自动制样机制备该样，制样前未对设备进行全面检查；14:40，6mm全水样和3mm存查样制备完毕，制样员王某检查发现3mm存查样量为330g左右，未达到国家标准要求。制样员王某与厂家仔细盘查，发现3mm存查样皮带有残留样。制样员王某立即汇报班长并说明情况，班长要求不得将残留样继续放在备查样瓶中，以免混样。15:10，该样全部制样完毕。15:20，制样员王某联系监督人员，将三个样品全部送至人工制样室。次日送至化验室。

2. 原因分析

经过调查发现，制备01之前的样品为高硫煤种（硫分为2.2%），且存在3mm样品量不足的情况，据此判断本次异常应为上一样品的少量残留混入01样品中，属于全自动制样机典型混样。

3. 处置结果与经验教训

全自动制样机投入后，偶发性的缺陷时有发生，制样人员应提高警惕，加强检查，确保制样前所有环节必须检查清扫；制作样品时应有专人值守；要熟悉设备结构，排查潜在易残留点，统计编写巡检重点事项；做实验排查智能化二期在制作3mm和0.2mm样品过程中设备上残留煤样对化验结果的影响；找到煤样易残留部位，制样前清理或者改进设备性能；发生异常时，要及时提取备查样进行同步分析。

案例 074

化验制样谁之过　唯有数据辨曲直

1. 案例经过

某年8月9日，某电厂抽查入炉煤L01的3mm存查样，干基挥发分化验指标为13.96%，而报告值是14.56%，偏差0.6%，已达到集团公司允许差值。

复检L01的0.2mm分析样存样和备查，干基挥发分指标分别为14.46%、14.01%，不超差。为了进一步检验3mm存查样是否超差，11日、12日两名化验员分别化验3mm备查样，干基挥发分指标分别为14.09%、14.17%，从化验结果看，干基灰分、干基全硫指标没有明显离散现象，偏差在允许范围内（见表2-8）。

表 2-8　　　　　L01 煤样多次化验指标统计表

送样日期	煤样编号	空干基挥发分 V_{ad}（%）	空干基全硫 $S_{t,ad}$（%）	干基灰分 A_d（%）	干基全硫 $S_{t,d}$（%）	干基挥发分 V_d（%）	干基高位发热量 $Q_{gr,d}$（J/g）
报告值	L01	14.39	1.60	34.84	1.62	14.56	22.11
化验室 0.2mm 分析样		14.27	/	34.87	/	14.46	/
9日制样	9日 3mm	13.78	1.62	34.88	1.64	13.96	22.15
	0.2mm 备查	13.84	/	34.93	/	14.01	/
11日制样	3mm	13.92		35.01		14.09	/
12日制样	3mm	13.95	1.56	34.86	1.58	14.17	21.98
极差	/	/	/	0.17	0.06	0.60	0.17

2. 原因分析

通过数据分析可以看出，化验室0.2mm分析样存样干基挥发分化验指标为14.46，与报告值偏差较小，化验方面无误差。9日、11日、12日三次抽取L01的3mm存查样，干基挥发分指标没有明显离散现象。但L01分析样和后续L01的3mm存查样化验结果存在较大偏差，干基挥发分极差发生在报告值与9日L01的3mm存查样。实际情况是L01分析样与L01的3mm存查样存在差异。造成该差异的主要原因有两点：一是缩分环节二分器使用不当，造成3mm存查样与0.2mm分析样存在特性差异；二是3mm存查样保存中密封不严，导致挥发分析出。

3. 处置结果与经验教训

"事不辨不清，理不辩不明"，该案例最能说明这一点。

案例 075

皮带煤样有残留　分析样品量不足

1. 案例经过

　　某年8月10日，某电厂二期全自动制样机制火车样01，样量20.6kg，制样过程无异常。11日，化验员发现分析样量少，采制班立即检查0.2mm备查样，样量同样偏少。为了保证化验的及时性，制样员将3mm备查样缩分100g进行烘干、研磨，作为该样的正式样。

2. 原因分析

　　化验员检查两个0.2mm分析样，煤样净重分别为18g、14g，不符合国标0.2mm留样量要求；检查3mm备查样，全水含量高，煤样较湿较黏。工作人员检查二期全自动制样机，发现红外烘干皮带有煤样残留（见图2-2），从而导致分析样量少。

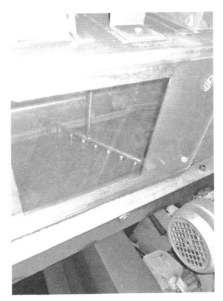

图2-2　红外烘干皮带存有煤样残留

3　处置结果与经验教训

采样人员在使用二期全自动制样机时，制样前后要做好检查，尤其是制样后查看制样记录及4个样瓶样量，发现样量不达标、红外烘干皮带残留煤样，及时做出补救、清理残留煤。

没有按照要求检查设备，仍然是制样人员责任心的问题。责任指我们分内应做的事情，也就是承担应承担的义务，完成应该完成的使命，做好应该做好的工作。责任是一种担当，一种付出。很多案例就是因为不负责任造成的，因为人总觉得不会这么巧发生在自己身上，等到真的发生了，为时晚矣。

案例 076

制样机多次停运 致病因转换开关

1. 案例经过

某年8月28日10:00，某电厂二期全自动制样机正在制样，突然系统停止运行，电脑控制画面显示系统运行至1226s，"分析样处于手动位"，分析样控制面板报警灯闪烁，工作人员随手动取出烘干皮带上待研磨样品，转为人工烘干研磨。

15:40，全自动制样机制取第二个煤样，运行至1226s时系统再次停止，出现"盖未满"报警，现场检查瓶盖足够，制样员随即联系厂家，最后判断为转盘瓶盖偏多，取出转盘上部分瓶盖，报警消失，系统恢复正常。制样人员重新开始制样，系统运行至2141s时，再次出现系统停止，随后手动取出烘干皮带上待研磨样品，转为人工烘干研磨。图2-3为制样停止后出现的控制画面。

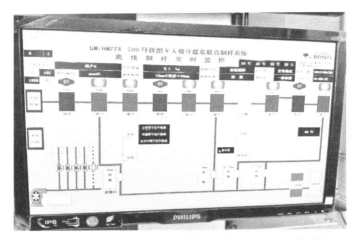

图2-3 全自动制样机制样停止后的系统控制画面

2. 原因分析

制样员和检修人员多次试验，最终查出仍是分析样控制开关跳变，导致系统运行停止。

3. 处置结果与经验教训

这次系统多次突然停止，最后查明原因为上次转换开关跳变异常处理不彻底。经过探讨，工作人员给分析样控制开关并联一组手动开关双重保护，故障彻底消除。

遇到异常情况，我们要有中医精神，查"病因"要查到本质，治疗方可对症下药。设备是诚实的，它不会说瞎话，也请不要欺骗它，不然它会"闹脾气"。

案例 077

制样设备环境差　转动轴承有卡涩

1. 案例经过

　　某年9月5日18:40，某电厂制样员王某到二期全自动制样室制备汽车煤样。制样前，王某检查清理设备，将分析样系统切换至手动位，空载启动红外线输送机、分析样输送机、出样二分器，设备试运无异常。

　　19:07，"样瓶准备"结束，操作"开始制样"，出样二分器开始寻原点，但转动异常卡涩，振动幅度较大。王某将分析样系统切换至手动，联系机务专业处理，通过关闭总电源、拔掉出样二分器控制器输出端线、手动盘动出样二分器步进电动机等方法，故障没有消除。

6日，制样员、设备部再次排查，发现出样二分器下端密封轴承损坏，更换轴承后恢复正常。

出样二分器长时间运行，轴承磨损，加之长期在细粒度粉尘环境下工作，内部渗入煤粉，从而造成卡涩损坏。

采制样设备所处环境差，煤粉较细，无孔不入，特别是一些转动装置，极易因油脂污染、摩擦增大，造成卡涩、出力不足等情况，我们应加强设备巡检力度，检查设备有无温度异常、异音、卡涩、异味等现象，及时分析原因，联系检修人员。同时，我们应该督促设备部定期给设备做保养维护，把故障消除在萌芽状态。

案例 078

锤破下方有积煤　煤流断断续续出

1. 案例经过

　　某年10月20日，某电厂全自动制样机制样01前，空走制样流程无异常，制样员检查称重斗、暂存箱、各输送带、锤式破碎机下方出料口、上方观察口均无积煤，各指示信号正确。

　　制样01时，称重斗显示45.1kg，制样中设备正常，电脑画面显示正常，经锤式破碎机后伺服皮带煤流断断续续（见图2-4），而不是厚度均匀连续的，制样员初步判断锤式破碎机堵煤。6mm全水样、3mm备查样称重出瓶，毛重分别为282g、290g，样量较少，不符合标准留样量。制样员随即取出暂存箱30kg煤样，转人工。

图2-4　断断续续的煤流

制样员开启锤式破碎机进行空气锤振打，并用铁棍疏通锤破下方出口，大量煤流出，估重为70kg。制样员用铁棍敲击锤破下方铁壁，通过声音初步判断积煤清理完毕。因锤破下方全封闭，而上方一级输送皮带、称重斗移不动，清扫器只能打开一小缝隙，工作人员无法检查积煤是否完全清除。制样员申请用石子煤清理积煤，锤式破碎机出口煤流厚度均匀连续性较好，积煤完全清出。

煤检部门得知制样机清出70kg煤样，而制样投入仅45.1kg，为避免混样弃掉暂存箱取的30kg煤样，制取01人工样做结算样。

2. 原因分析

经查，20日煤样01较干，不会造成堵煤；19日制样甲矿，煤质湿度、黏度较大，而6mm全水样、3mm备查样出样量较少。实际情况是，19日已经堵煤，而20日制样前空走试转，锤破空气锤振打没有清理出堵煤，反而使堵煤积实。随后，煤检部门规定全自动制样机暂时不制较湿较黏的煤样。

3. 处置结果与经验教训

没有这次异常情况，没有人知道锤破下方还能积煤，而且还能积那么多的煤，厂家之前也未告知此处可能积煤，说明书也未写明。这给检查带来一定的难度，但是再难我们也要克服，比如在锤式破碎机下方出料口处开观察窗或者合页门，便于观察内部是否积煤；在伺服皮带添加检重装置，和称重斗初始质量比较，超过允许误差报警；加大锤式破碎机振打器频率、力度或者数量；锤式破碎机添加堵煤报警信号；暂存箱添加称重设备以对比制样前后质量差异等。

案例 079

抽签定岗未按规　发现苗头勤提醒

1. 案例经过

　　某年11月5日，某电厂当班人员按规定进行抽签定岗，制样值班人员由于家中有急事，晚上需回家处理，未汇报组长，私自协商换岗，煤检部门对当班制样员进行廉洁提醒谈话，并给予考核。

　　11月7日交接班，当班人员按规定进行抽签轮岗，由于班长对当班组长有其他的工作安排，未抽签直接指定汽车采样岗位，煤检部门对班长进行廉洁提醒谈话，并给予考核。

　　11月11日交接班，当班人员按规定进行抽签定岗，汽车采样人员由于家中有事，晚上回家解决，未汇报组长，私自协商换岗，煤检部门对当班汽车采样员进行廉洁提醒谈话，并给予考核。

部门管理人员刚调整不久，部门员工思想波动大，班组内思想疏导工作未及时跟上，导致部分员工思想松懈，工作标准低，图省事、图快，违反了部门的劳动纪律。

对于工作中的一些关键节点，员工容易出现侥幸随意心理，管理人员要时刻关注各岗位人员心理状态变化，发现一些倾向性问题，要及时进行制止，把问题控制在萌芽状态，坚决杜绝此类事件的发生。

案例 080

制样操作不规范　指标偏差难避免

1. 案例经过

某年3月23日，某电厂当班制样人员按照要求对人工制样机皮带、破碎机、缩分器和料斗进行清理干净后，09:02开始制取编码为2018032203的煤样。化验结果显示，该样6mm备查样异常，硫分和热值明显偏离该样的指标。

化验数据见表2-9。

表 2-9　2018032203煤样及备查样化验指标统计表

煤样编号	全水 M_t (%)	空干基水分 M_{ad} (%)	空干基灰分 A_{ad} (%)	空干基挥发分 V_{ad} (%)	空干基全硫 $S_{t,ad}$ (%)	收到基灰分 A_{ar} (%)	干基灰分 A_d (%)	干基全硫 $S_{t,d}$ (%)	干燥无灰基挥发分 V_{daf} (%)	弹筒发热量 $Q_{b,ad}$ (MJ/kg)	干基高位发热量 $Q_{gr,d}$ (MJ/kg)	收到基低位发热量 $Q_{net,ar}$ (MJ/kg)	收到基低位发热量 $Q_{net,ar}$ (cal/g)
2018032203	25.6	0.82	32.42	11.73	0.62	24.32	32.59	0.63	11.57	22.856	22.77	15.96	3818

项目序号	空干水分 M	空干灰分 A	空干挥发分 V	空干硫分 S	空干固定碳	干基灰分	干基硫分	干基挥发分	干基发热量	干燥无灰基挥发分	收到基低位发热量（MJ/kg）	收到基低位发热量（kcal/kg）
6mm抽查	26.6	0.70	23.41	9.04	0.36	17.54	23.58	0.36	11.91	26.838	22.96	18.95	4531
LELE1（0.2备）	25.6	1.04	32.31	11.80	0.61	24.29	32.65	0.62	17.70	22.76	22.91	15.93	3810
FCFC2（3mm）	25.6	1.05	32.29	11.73	0.61	24.28	32.63	0.61	17.60	22.76	22.92	15.94	3811

2. 原因分析

2018032203煤样为当日制取的第一个煤样，头天制取的最后一个煤样为低硫高热值煤，从而排除了人工制样机环节混样的可能性。经查看监控，制样员研磨2018032203煤样之前彻底清理过样钵，排除研磨过程中混样。通过6mm抽查结果对比分析可知，确定引起指标异常的原因为全水取样和3mm留样问题：3月22日制取全水采用四分法，对角取样装盘烘干，另外对角取全水，且取样前未对煤泥样品进行破碎掺和，取全水和烘干用煤样是分开相线区间取得，和煤泥煤质不均效应叠加会导致指标出现较大偏差。

3. 处置结果与经验教训

国家标准的制定不是儿戏，采制化过程必须规范化地按国家标准执行，任何人触碰国家标准的底线必定会犯错误，这是铁一般的规定。煤泥制样前要混合均匀，制取全水样时采用九点法，保证煤样的均匀性。

针对此次异常原因，制样员主要是做好全水取样和3mm留样的防范。取全水前，对每一桶煤样都尽可能用刮板进行对煤泥进行破碎，每一桶都铺成平面，分散到四个区间，用四分器分成四等份，然后运用九点取全水。烘干盘清洗彻底无残留，研磨0.2mm样品前彻底清理样钵。烘箱制样前后清理干净，确保在烘样过程中，无其他煤样、渣样、石子样等杂质混入。

针对煤泥缩分不均影响化验指标的问题，除上述措施外，计划研发采用煤泥烘干设备，提高煤泥制备样量，缩短烘干时间，提高制样的准确性和实效性。

案例 081

设备检查不彻底　余煤贴壁致混样

1. 案例经过

某年6月18日09:40，某电厂火车值班员送样02至二期全自动制样室，11:05制样人员对该煤样进行制样，11:35全水及备查样出样完毕，12:10分析样出样完毕，样品02制样完毕。6月19日，化验结果显示02分析样化验参数与备查样化验参数出入较大，且与矿发参数也出入较大，调查人员发现备查样化验结果接近该矿真实参数。

2. 原因分析

经过提取02的备查、全水及全水对比样，结合矿发参数、该样制样上一个样的化验参数，及该样制取前后实际检查情况，调查人员初步断定为分析样研磨钵内有上一个样残留，导致混样。调查人员联系机务人员配合打开分析样研磨钵，发现研磨钵内确实存在残留及贴壁。

上一煤样较湿较黏且含有煤泥，制样人员警戒意识不足，在知道上一煤样较湿存在堵煤、贴壁、残留可能性较高的情况下，没有加强对二期制样机的制样前检查。

全自动制样机因其可大幅减少人为因素、实现数据的自动化、大大减少工作强度、提高工作效率，越来越引起各个单位的重视。但也因其功能的要求和使用要求，导致其相对人工制样而言，可制煤种存在一定局限，制样前、制样中及制样后检查项目也较为烦琐。加强检查很重要，但若能做到在制样前提前对煤样进行混样风险评估，及时改变评估混样风险较高的煤样的制样方式，就可以从源头上降低全自动制样机的制样风险。

案例 082

系统服务器"中暑" 新矿无法关联上

1. 案例经过

某年6月17日，汽车煤新来一家菏泽交通新密矿，需要在燃料智能化系统关联车队、关联采样机，对采样模式点数进行设置。工作人员按照正常的操作流程进行到"煤矿调用计划维护"关联车队时，发现搜索不出来该矿，然后选择其他矿进行搜索，也搜索不出来，初步判断为燃料智能化系统故障，于是联系厂家处理。厂家对燃料智能化系统服务器进行重启后正常。

2. 原因分析

经检测，服务器机房温度达到近40℃，室温过高可能引起服务器程序卡死等。

3. 处置结果与经验教训

煤检部门要求管控值班员负责每天对燃料智能化服务器机房设备巡检，打扫清理并检查设备，每天对室内温度、湿度等进行不少于4次的检查，确保设备正常工作。

燃料智能化系统服务器作为燃料智能化系统的核心部件，需要定期检查维护；燃料智能化软件系统维护需尽快明确专人，做到有故障马上解决，提高消缺效率。

第三篇
化验案例篇

　　化验在采制化误差影响中占比约为 4%。煤质化验的专业性强，要求数据高度准确。经过多年的经验积累，行业已经形成一套规范的操作流程。化验操作时需要"中规中矩"，用规范操作保证化验数据准确率。作为化验人员一定要纠正不规范的操作方法，严格遵守操作规程，养成良好的工作习惯。

案例 083

样品全水值偏大　反复化验求真相

样品的全水值确实比较大。

1. 案例经过

某日，某电厂化验室接样后全水值两次测定结果分别为43.4%、43.1%，虽然两次测定结果不超差，但此样品全水值较大，试验完成后，化验员观察仪器内样品没有烧着的现象，从全水样外观观察，全水分样品较干，与湿煤泥有明显差异。

化验人员未遇到过全水如此大的样品，于是采用空气干燥法，利用烘箱分别在105℃、50℃、室温三种温度下进行全水分的检验，结果如下：

严格按GB/T 211-2007中的B2方法，将煤样放置烘箱中，在105℃下空气流中干燥，测定全水为43.6%。

用烘箱50℃进行检验，为了防止温度过高造成煤样燃烧，引起全水虚高的假象，对该样品烘干5小时后进行称量，全水分为42.5%。

在室温情况下，称取10～12g，在化验室放置5小时，水分损失率达到了32.5%，随着时间的延长，水分损失也随之变大，再次说明此样品全水确实较大，全自动水分测试仪不存在化验错误。对于该异常数据，化验人员通过试验验证，用数据证明了该样品全水值化验的准确性。

2. 原因分析

为了进一步总结经验，化验室对该样品的0.2mm分析样品的其他指标（内水6.02%，干基挥发分4.55%，干燥无灰基挥发分9.53%，干基高位发热量为15.79MJ/kg）进行分析。干燥无灰基挥发分为9.53%时，煤种为无烟煤，但是无烟煤发热量应该高，该煤发热量较低，不属于无烟煤；全水值为43.2%，内水值为6.02%，这是低变质煤种长焰煤、褐煤的特点，但该煤样挥发分较低，不属于长焰煤、褐煤；该煤样水分虽大，但外观也较干燥，不是常规化验的煤泥。经过综合指标对比，查找煤样分类标准，最后确定该煤种为无烟煤干煤泥。

3. 处置结果与经验教训

化验人员找到该煤样对应的煤种信息，再次确认化验数据准确无误，按程序将化验结果上报。

整个案例的处理中，化验员工作严谨细致，严格按照国家标准要求进行化验，工作态度端正，具备吃苦耐劳的精神，对出现的异常数据，不怕麻烦，反复进行对比、验证，并进一步深挖，翻阅专业书籍寻根溯源，以保证化验数据的可靠性和准确性，较好地发扬了精益求精的工匠精神，值得每一位员工学习借鉴。

案例084

空调吹风不均匀　量热结果出异常

1. 案例经过

某电厂化验室每日测试样品发热量前，首先要用标准煤样对量热仪进行准确度校验，验证合格后方可进行煤样的测定。1月20日，化验员通过多次对比发现209号量热仪多次测定结果均在标准值（干基高位发热量）的不确定度范围内，却普遍接近低限，遂进行异常分析。

2. 原因分析

量热仪恒温点的不同对发热量测定结果有影响，两次测试209号量热仪设定恒温点均为35℃，不存在方法误差；不同人员操作习惯不同，会造成一定的误差，针对209号量热仪，化验室更换不同人员交叉化验，同样是此状况；每次试验后均观察残渣是否燃尽，氧弹内壁、挡火板、坩埚并无黑色残留物；检查新换的氧气瓶压力为10.0MPa，氧弹充氧前后质量差11.5g，足够其燃烧用氧；经定容、进水、放水测试，同时观测水流对冲搅拌，没问题，无仪器故障，以上原因均一一排除。

化验员随后分析环境变化的影响。发热量测定采用的是专用测定室，室内不进行其他试验工作，室温控制在15～30℃，每次测定温度变化不超过1℃为宜，目前室内温度较稳定，室温符合国家标准要求，连续3日标定全部仪器，仅209号略微偏低。室内为空调控温，空调风口朝上，空气对流循环，209号量热仪首当其冲，有一定影响，并且空调工作时量热仪有异常声音，故判定异常原因可能为空调吹风不均造成的热容量飘移。化验员调整空调出风口，重新标定热容量，再次用苯甲酸和标煤进行反标，均合格。同时，在不同的时间段，化验员用具有一定热值梯度的标煤测试均在标准值的不确定度范围内，又通过对比多台量热仪入厂煤样，也在国家标准规定范围内，由此判定209号量热仪目前已经恢复正常，可以启用。

3. 处置结果与经验教训

抓住问题不放松，层层剖析，针对影响因素，逐个排查研究，顺藤摸瓜，不放过任何的蛛丝马迹，查找问题的根本原因，这是研究问题最基本的办法，也是最有效的办法，亦是多年来煤化验员们总结下来的经验，这种优良传统值得继续发扬。

案例 085

标煤管理有漏洞　发现问题仔细查

1. 案例经过

某年9月3日，某电厂化验员甲、乙上午在进行量热仪质量控制时使用标煤GBW11110K。三台仪器进行准确度校验时，发现三台仪器标煤10K的弹筒热值均为18.40MJ/kg左右，换算到干基高位热值后为18.50MJ/kg左右，该标煤的干基高位热值标准为（17.96±0.23）MJ/kg，三台仪器均高于标准值500J/g左右。

2. 原因分析

对于这种系统性偏高的问题，化验人员及时查找各种原因。天平、量热室温、湿度等都没有问题，GBW11110K近几天一直都在用，在使用过程中一直很稳定。又用发热量不同的两个标煤进行了化验，结果显示合格。所有因素排除，化验员怀疑可能是标煤问题，又拿出一瓶新的GBW11110K标煤进行化验，结果合格，于是怀疑是旧的10K标煤有问题。化验员对比3日的各项原始记录，发现在中午进行工业分析仪第二炉次的化验时带的GBW11110K标煤灰分不合格，化验值为40.96%，而标准值应为（42.25±0.23）%，但当班化验员却在进行统计时没有在原始记录上进行准确度判断，在质量控制台帐记录上，则写了"合格"。

为确保结果准确，化验员进一步查找原因，对3日第二炉次工业分析的煤样重新进行了灰分化验，将原GBW11110K的那瓶标煤与新瓶GBW11110K标煤，以及GBW11101b标煤与不合格标煤同炉次的煤样一同进行了化验，结果出来后，确定原GBW11110K的灰分不合格，其他两瓶标煤结果合格，不合格标煤同炉次的煤样结果不超差。这充分说明此次系统性偏高现象是原标煤的问题，仪器不存在问题。

化验人员同时对原10K标煤的全硫、挥发分等其他项目进行了化验，结果显示，该瓶标煤灰分、发热量异常，其他指标均在合格范围内。该瓶标煤可能已被污染，化验人员标注该瓶标煤"作废"。

通过查找前一天的工业分析仪标煤结果，第一炉次的标煤也是10K，且结果合格，第二炉灰分不合格。基本判断是原10K标煤问题后，化验人员进一步进行试验确认，对第二炉的所有样品、原10K标煤、新10K标煤、标煤01b同时进行灰分化验，结果见表3-1。

表 3-1　　　　　　　　灰分化验结果统计表

日期	标煤号	标准值 A_d（％）	化验值 A_d（％）	与标准值差值（％）	结论	仪器
3日 9:00	GBW11110K（旧）		42.14	−0.11	合格	1号
3日 11:30	GBW11110K（旧）	（42.25±0.32）	40.96	−1.29	不合格	2号
4日	GBW11110K（旧）		41.22	−1.03	不合格	
	GBW11110K（新）		42.20	−0.05	合格	1号
	GBW11101b	（10.65±0.13）	10.66	0.01	合格	
	GBW11110K（新）	（42.25±0.32）	42.27	0.02	合格	2号

通过表3-1分析可以看出，原10K标煤在3日上午第二炉次工业分析时已污染。当天的发热量、灰分、挥发分、硫分化验都在使用该标煤，其他项目都合格，在11:00后只做了该炉次的工业分析，具体污染原因需进一步查找。煤质变化是个复杂的过程，可能是使用过程中混入其他样品，可能是近期通入暖气引起煤质变化，也可能是该瓶标煤本身易变质。

3. 处置结果与经验教训

在以后的工作中需加强标煤管理，发现问题及时处理，做好标注，防止他人再次使用问题标煤，给工作带来不利影响。

此次事件的源头是工业分析出现问题没有及时处理，当班化验员当时看出了超差，但在质量控制台账中还写上了"合格"，掩盖了问题真相，造成了后来一系列的麻烦。在工作中，发现问题要及时汇报，立即查找原因，进行分析，防止问题进一步扩大，造成不良影响。

案例086

挥发分差值较大　辨真伪追本溯源

1. 案例经过

某年6月1日，某电厂入厂煤抽检10个样，抽查样品由制样室人员送至化验室进行化验，经过干基结果的对比，有1个煤样干基挥发分差值较大，样品编号为01。煤样干基结果见表3-2。

表 3-2　　　　　　　煤样干基结果对比统计表

指标	煤样编号	空干基水分 M_{ad}（%）	干基灰分 A_d（%）	干基全硫 $S_{t,d}$（%）	干基挥发分 V_d（%）	弹筒发热量 $Q_{b,ad}$（J/g）	干基高位发热量 $Q_{gr,d}$（J/g）
原报告值	01	0.76	34.42	1.43	25.55	21451	21455
检验值	01	0.66	34.35	1.33	24.44	21506	21500

续表

指标	煤样编号	空干基水分 M_{ad} (%)	干基灰分 A_d (%)	干基全硫 $S_{t,d}$ (%)	干基挥发分 V_d (%)	弹筒发热量 $Q_{b,ad}$ (J/g)	干基高位发热量 $Q_{gr,d}$ (J/g)
允许差 T	/	/	0.70	0.15	1.00	/	300
差值	/	/	0.07	0.10	1.11	/	45
结论	/	/	合格	合格	大于 T 小于 $1.2T$	/	合格

通过表3-2对比分析，此样品其余指标都合格，只有挥发分在危险范围内。

2. 原因分析

挥发分项目化验操作过程要求严谨，空气湿度、冷却时间、人员操作习惯等都可能引起误差。为避免化验误差导致这种情况发生，化验人员找出化验室存查的0.2mm样品，与抽查样、标准煤样同一炉次进行化验，并对一般分析水分同时进行测定，从而消除挥发分测定过程中可能引起误差的所有因素，其结果见表3-3。

表3-3　　　　　　　煤样挥发分化验指标统计表

指标	煤样编号	空干基水分 M_{ad} (%)	干基挥发分 V_d (%)
报告值	01	0.76	25.55
1日检验值（备查样）	01	0.66	24.44
差值	/	/	1.11
允许差 T	/	/	1.00
6日检验值（化验室存样）	01	0.89	25.68
6日检验值（备查样）	01	0.79	24.57
差值	/	/	1.11
允许差 T	/	/	1.00

通过表3-3中的数值对比可以看出，化验室存查样两次化验结果的差值为0.13%，小于允许差（1.00%），制样备查样的两次结果差值为0.13%，也小于允许差。但制样备查样两次化验结果与化验室原0.2mm样品的结果差值均较大，说明两份样品本身的挥发分可能存在一定的差异。

为进一步分析挥发分化验误差的其他原因，调查人员对化验室的存查样和备查样采用同一个人、同时间、同设备的方式进行了测定，化验存查样的干基挥发分依然比存查样的干基挥发分高，这说明不存在仪器误差。不同人员操作习惯不同，会造成一定的误差，同次抽查的其他煤样都没有超差，对此煤样又进行了验证，由同一人对两份样品进行化验，同时化验时也带了标煤，结果都在合格范围内，而该煤样挥发分结果差值确实较大，人员操作误差不会造成这种现象。挥发分实验规定样品从马弗炉中取出后，在空气中冷却5min，然后放入干燥器内，因而冷却时间长短如果有误差，也会影响其准确度。在此煤样的校验过程中，化验人员严格控制了时间的长短，此误差亦可排除。煤样在燃烧过程中，若坩埚与坩埚盖密封不严，造成煤样在燃烧过程中与空气接触，也会影响挥发分结果的准确性，在此次实验中严格挑选合格的坩埚，避免了这种误差的出现。综合以上分析，化验误差不会造成挥发分差值偏大现象，从而可以得出结论：两份样品本身挥发分确实存在一定差异。

3. 处置结果与经验教训

挥发分的测定是一个规范性很强的实验项目，受很多实验条件的影响，因此化验员在操作过程中应严格控制实验过程，使每一个试验结果都准确无误。要做到遇到异常不退缩，积极寻找原因，追本溯源，寻找根本原因，解决实际问题。

在工作面前，除了认真、准确外，还应注重每一个细节的完善，不敷衍，不松懈，我们应在细节中找准确，在准确中求进取。

案例 087

劣标煤质量太差　硫仪器校验失真

1. 案例经过

为保证煤质化验准确度，硫仪器每天均用标煤进行准确度校验，合格后方可进行煤样化验，且选取的标煤标值要覆盖煤样的硫值范围，每间隔10个样品添加一个标煤，以确认准确度，防止硫仪器使用过程中发生飘移，造成结果失真。

某日，某电厂化验员选择硫标值为（0.50±0.04）%的标煤GWB11101X，和标值为（2.65±0.07）%的标煤GBW11109L，同时对水分进行测定，仪器化验出GWB11101X的空干基硫为0.43%，水分为1.07%，换算成干基硫为0.43%，与标值相比，结果偏小，不合格；经化验、基准换算GBW11109L的干基硫为2.68%，在标值范围内，是合格的。GWB11101X化验结果不合格，化验人员于是重新进行仪器的校验，选取了大、中、小五个不同硫值的标煤进行了化验。通过化验，发现只有GWB11101X的化验值与标值相比结果偏小，其他煤样的化验值均在标值范围内，均合格。

2. 原因分析

化验人员初步判断GWB11101X标煤定值存在一定的误差，标煤不稳定。为此，化验人员对GWB11101X煤样的全部项目进行了化验，在化验过程中对同一仪器用其他标煤进行验证，结果发现，GWB11101X灰分值较标值结果偏大，发热量值测定值有的仪器比标煤结果偏小，有的在标值的下限，挥发分结果在标值范围内。通过对比其他标煤，01系列的标煤各项目差值不多，其他系列的标煤硫标值基本都在0.40%～0.46%之间，且本次试验中用其他标煤进行对比时，也选用了01系列的标煤GWB11101Y，其标值为（0.41±0.03）%，通过化验其结果是合格的。

标煤是采取预选的煤样，经自然干燥、破碎，其粒度小于0.2mm，混匀后分装成瓶，经多个试验室协同试验，然后进行数理统计完成定值，全硫按GB/T214-2007《煤中全硫的测定方法》中仲裁方法——艾氏卡法测定。标煤的制作过程中，为保证标煤的稳定性，在测定定值前都要长埋地下几年，但是近几年标煤使用量大，有些厂家为追求经济效益，将煤样埋藏时间缩短，没有使煤样性质完全稳定，再加之生产单位水平良莠不齐，造成有的标煤稳定性差。煤样本身的不稳定性，定值过程中实验室的化验方法、操作水平，储存运输过程中污染变质氧化等原因都可能造成标煤的定值有误差。鉴于以上原因，工作人员判断此次GWB11101X标煤的干基硫偏小的原因是其硫标值有问题。

3. 处置结果与经验教训

针对这类问题，该电厂制定了以下措施：定购标煤时要选择权威的生产厂家；进行仪器准确度校验时，不能只用一种标煤，要多选取几种，防止因为标煤本身不合格导致煤样化验结果不准确；使用标煤时，要混合均匀，用后将瓶盖拧紧，存放在阴凉干燥处，防止氧化变质；称取煤样时要把勺子擦干净，在瓶内取出的煤样不能回瓶，防止煤样污染；标煤瓶内煤样剩余较少时不应再使用；注意标煤的标值均为干基结果，测定时要进行基准换算再对比，水分测定要与各测定值同时进行，如不能同时测定，应在尽可能短的、水分未发生显著变化的期限内测定，最多不超过5天；注意标煤标值的有效期，煤样在储存使用过程中，出于氧化等各种原因其性质是变化的，其示值会随之发生变化，标煤的定值有效期为一年，对于超过定值有效期的，要及时向生产厂家索要标值，按最新标值生产日期每年分两批定购标煤，使用最新的标煤及标值，保证校准仪器的准确度。

实践是检验真理的唯一标准，因此我们要敢于挑战权威，敢于为真理实践，敢于用更有力的证据去推翻权威。标煤也是煤，不管是多么权威的单位制作的，都有煤的一般特性，都会出现变异的情况，对待问题要持普遍怀疑的态度，不迷信权威，相信自己的眼睛，才能拨云散雾，找到真相，这才是应有的科学态度。

案例 088

坩埚内部有残留　煤样挥发分超差

1. 案例经过

　　某年3月12日，某电厂制样室送入炉煤样，化验人员分工进行各项目化验。挥发分项目称量、灼烧、冷却后进行灼烧减量计算，通过计算，化验员发现化验编码为L01的煤样挥发分超差，一个数据值为13.61%，另一个为13.22%，差值为0.39%，超过重复性限0.3%，不符合国家标准规定。重新进行化验，减去一般分析水分后，两次挥发分化验结果分别为11.80%，11.94%，精密度合格。

　　一埚挥发分样从称量到计算完成约40min。一般入炉煤送样时间为11:00左右，如果第二轮送样时间较晚，化验挥发分项目的时间就较为紧张。本样品第一次实验完成后，发现超差，要进行第二次重复化验。第二次化验时间为下午上班后，仪器仍为原仪器，化验完成后发现第二次化验结果没有超差，但与上午化验结果偏差较大，化验人员高度重视，逐步查找原因。

2. 原因分析

通过眼观、手摸等观察样品粒度是合格的，并且进行发热量、硫等测定较稳定，重复性合格，不存在样品不均匀问题。是否存在灼烧时间控制不严格、操作不熟练、称量不准确等问题呢？进行挥发分灼烧时，此样品与其他煤样是同时测定的，并且化验过程中带了标煤，标煤合格，其他样品的精密度也合格，显然也不存在操作问题。此次化验使用的坩埚都是经常使用的坩埚，都经过了恒重，坩埚质量都在15～20g范围内，盖也严密，坩埚盖、坩埚质量、坩埚恒重均符合要求。两次马弗炉的温度均在3min内恢复到了890℃，仪器热容量符合要求，且同炉次的其他样品均在合格范围内，不存在仪器问题。两次化验均按国家标准要求进行冷却，在空气中冷却约5min，然后放入干燥器中冷却至室温，不存在因冷却时间过长而引起两次结果差别较大的问题。化验室的坩埚架都是同一批次的镍铬架，其规格和尺寸都符合要求。通过同批次其他样品结果看出，不存在称量样品号错误的问题。

通过进一步分析，化验员发现第一次的两个结果超差且大于第二次的化验结果，说明第一次在灼烧时减重较多，可能埚内存在一定的可燃物。根据化验原始记录，化验人员找到了第一次使用的两个空坩埚称量，进行灼烧恒重后，重新称量空埚质量，发现空埚质量比第一次实验时的空埚质量降低了，说明第一次使用这两个坩埚时内部有残渣，很有可能是上次试验后坩埚没有处理干净，灼烧时没有完全将残留物灼烧完全，从而导致本次入炉煤挥发分的指标超差。

3. 处置结果与经验教训

由于化验员对精密度不合格的煤样及时进行了再次测定，及时发现并处理了问题，因此事故没有造成恶劣影响。化验员在操作过程中存在一定的问题，没有进行坩埚内部观察、清理擦拭等，引起指标异常，需要引起注意。

为防止此类现象发生，提高煤质化验管理水平，该电厂制定以下措施：化验员在接收样品后要仔细观察样品状态和粒度是否符合要求，如样品过粗不均匀，要重新磨制；做样前要将样品混合均匀，至少混合1min，做到多次取样，至少3点；坩埚用完要将焦渣倒掉，放在马弗炉里灼烧至恒重，处理完的坩埚放在干燥器里，防止吸潮，以防对化验结果造成影响；操作过程严格按国标要求进行，坩埚质量符合要求、坩埚盖严密、不裸手接触坩埚，严格控制冷却时间；仪器操作要正确，定期进行恒温区和热电偶的校验；称样前要进行坩埚清理，查看坩埚内是否干净，是否有异物；必须进行重复测定，精密度合格后方可取平均值。

化验项目要求的数值准确度高，一点点小小的误差就会导致操作的失败，且每个项目耗费时间长，时间紧迫，工作人员操作时一定要心平气和，不能过于急躁，无论煤样多少，都要集中精力，严格按试验步骤操作，这才是提高工作效率最有效的办法。

案例089

煤样干燥不达标　挥发分差值偏大

1. 案例经过

某年6月17日，某电厂针对入炉、入厂煤抽检了20个样，经过干基结果的对比（见表3-4），有1个煤样干基挥发分差值较大，样品号为01。

表3-4　　　煤样01和抽查样01干基结果对比

送样日期	煤样编号	空干基水分 M_{ad} （%）	干基灰分 A_d （%）	干基全硫 $S_{t,d}$ （%）	空干基挥发分 V_{ad} （%）	干基挥发分 V_d （%）	弹筒发热量 $Q_{b,ad}$ （J/g）	干基高位发热量 $Q_{gr,d}$ （J/g）
10日	01	0.66	36.71	0.64	15.31	15.31	21190	21244
17日	抽查01	3.14	36.63	0.69	15.87	16.38	20440	21010

续表

送样日期	煤样编号	空干基水分 M_{ad}（%）	干基灰分 A_d（%）	干基全硫 $S_{t,d}$（%）	空干基挥发分 V_{ad}（%）	干基挥发分 V_d（%）	弹筒发热量 $Q_{b,ad}$（J/g）	干基高位发热量 $Q_{gr,d}$（J/g）
20日	01	1.26	36.46	0.69	15.52	15.72	21068	21250
国标允许差 T	/	/	0.70	0.15	/	1.00	/	300
极差	/	/	0.25	0.05	/	1.07	/	240
结论	/	/	合格	合格	/	大于 T 小于 $1.2T$	/	合格

环境情况见表3-5。

表 3-5 化验环境一览表

送样日期	化验室环境温度(℃)	化验室环境湿度（%）	一般分析试验煤样水分（%）
10日	22.1	30	0.66
17日	23.4	55	3.14/1.46
20日	24.5	44	1.27/1.25

通过对比分析，样品01在三次化验不同的温湿度下，只有挥发分不合格。

2. 原因分析

挥发分项目化验要求操作过程严谨，空气干湿度、冷却时间、人员操作习惯等都可能引起误差。为避免化验误差导致这种情况发生，化验室人员找出化验室存查的0.2mm样品，与制样室存查样由同一人同一炉次带标煤同时进行化验，并对引起结果变化的水分也同时进行测定，这样就消除了挥发分测定过程中可能引起误差的所有因素。17日化验结果的一般分析水分为3.14%，20日化验结果的一般分析水分为1.26%，相差较大，10日化验时间过长，水分对比不具备可比性。

影响挥发分结果的除以上原因外，还有一个非常重要的因素，即煤样的一般分析水分。化验室经过对比实验发现，无论是平行测定，还是重复测定，单个煤样的水分均在合理范围内，但是"抽查01"与20日01两个煤样相比水分确实相差很大。前后两大的化验室湿度虽有变化，但不至于造成如此大的误差，故化验员判定样品01挥发分不合格的原因为制样时煤样烘干时间及温度不同所致。

经调查该煤样为甲矿煤，制样时操作人员烘干时间不同，导致两个煤样未达到空气干燥状态，不符合煤样保存要求（一般分析实验煤样应在达到空气干燥状态后装入严密的容器中）。空气干燥是将煤样铺成均匀的薄层，在环境温度下使之与大气湿度达到平衡。干燥的目的一是使煤样顺利地进行破碎和缩分，二是避免分析实验过程中煤样水分发生变化。而煤中水分增大，煤吸氧量会缓慢增加，也会影响挥发分的测定结果。此次化验挥发分误差系煤样一般分析水分不稳定造成。

3. 处置结果与经验教训

采制班送样前应确保该煤样已经达到制样室空气平衡状态（煤样在空气中放置1小时，质量变化不超过0.1%）；化验员收到煤样后应开盖放置一段时间，使试样于当前化验室环境达到湿度平衡，然后再进行相关实验；加强化验管理，日常实验中应带标煤进行仪器准确度的确认，对于工业分析仪中水分和灰分的测定，定期用标煤及质控样品与仲裁法进行校核，即用烘箱进行空气干燥法测定水分，用马弗炉进行缓慢灰化法测定灰分。

对于严谨而言，无须更多的解释和定义即可理解，但如何在实践中做到严谨，或许比登天还难。这个"难"其实存于是否有严谨的态度。态度是第一的，态度决定一切，态度是思维的体现，也是一个人做事的立足点，如果没有这个立足点，过程和结局也就无从谈起了。有了态度之后，需要你在每一个工作和处理事情的过程中，进行认真仔细的分析，通过分析和对比求得最终答案，同时在实践中也遵循既定的目标和规划来严格地实施。如果能把这种处理事情的方式体现在每一件事情上，无论大小，久而久之就会形成严谨的习惯。

案例090

化验极差不合格 样品氧化是主因

1. 案例经过

某年7月，某电厂抽查编码为01、02的两个煤样。送样前采制班对3mm的存查样又进行了对比，其各项值都在国家标准要求的重复性限内，3日、4日、7日，化验人员对3mm存查样用不同的马弗炉在不同状态下分别进行了挥发分的化验，其中煤样01各次结果的极差为1.40%，超过国家标准要求的重复性限（各次化验结果见表3-6），02煤样各次结果极差均在合格范围内。针对以上情况，班长立即组织班组人员进行分析。

表 3-6　　　　　　抽查样 01 各次对比结果统计表

送样日期	煤样编号		空干基水分 M_{ad}（%）	空干基灰分 A_{ad}（%）	空干基挥发分 V_{ad}（%）	干基灰分 A_d（%）	干燥基挥发分 V_d（%）
报告值（1号炉）	01	/	0.60	/	/	35.25	24.51
11日（1号炉）	11日3mm	制样室送	1.28	34.87	24.78	35.32	25.10
3日（1号炉）	3日3mm	制样室送	2.04	34.35	25.38	35.07	25.91
	化验室存查0.2mm		1.12	34.79	24.28	35.18	24.56
4日	01A	制样室送样	1.37	/	24.86	/	25.21
	01B	制样室送样	1.39	/	24.84	/	25.19
7日	3日3mm送样重新化验		2.08	25.23		25.77	
	3日3mm送样重新化验		2.01		25.17		25.69
	3日3mm送样在450℃下烘1h后化验		1.52		25.02		25.41

2. 原因分析

通过表3-6中的指标看出，原报告值与3日化验室存查样的干基挥发分差值为0.05%，结果合格，这说明化验室存查样稳定，且化验结果准确度合格。制样室3mm存查样与化验室存查样同炉次测定，且带标煤（标煤合格），其差值为1.35%（25.91%-24.56%=1.35%），超过国家标准要求，说明两个样品的挥发分值确实存在差异。几次分样中，样品原因引起了超差。

为了检验马弗炉是否存在系统误差，同时用2号、3号马弗炉将两样品用同炉次测定，设定另两台马弗炉的标煤值在高限值，其各炉测定值统计见表3-7。

表 3-7　　样品 2 号、3 号马弗炉测定值统计表

送样日期	煤样编号	空干基水分 M_{ad}（%）	空干基灰分 A_{ad}（%）	空干基挥发分 V_{ad}（%）	干基灰分 A_d（%）	干燥基挥发分 V_d（%）
3日（1号炉）	3日3mm	2.04	34.35	25.38	35.07	25.91
	化验室存查0.2mm	1.12	34.79	24.28	35.18	24.56
3日（2号炉）	3日3mm	2.04	/	25.84	/	26.38
	化验室存查0.2	1.12	/	24.66	/	24.94
3日（3号炉）	3mm	2.04	/	25.56	/	26.09
	化验室存查0.2	1.12	/	24.56	/	24.84

表3-7表明，3mm存查样用3台炉化验结果的差值均在国家标准范围内。化验室存查样3台炉化验结果差值也在国家标准要求范围内，且同一炉次两个样品的干基挥发分都超差，说明1号马弗炉不存在系统误差，两个样品确实挥发分不一样，化验误差不会造成超差；仪器不存在系统误差。

4日，调查人员为了进一步验收3mm存查样情况，对剩余部分又缩分两次，分为01A和01B两份，送往化验室进行化验。化验室将此两次样品与3日送样用1号马弗炉同炉次测定，从表3-6的化验结果可看出，此两份样品的干基挥发分值都在原报告值与3日送样的化验值中间，且不超差；但3日样品与原报告值还是超差（25.77%-24.51%=1.26%），3日送样两次结果差为0.14%（25.91%-25.77%=0.14%），同一样品两天测定不超差，进一步说明化验结果稳定。

对各次结果进行分析，化验员发现空干基水分与干基挥发分结果变化有一定的规律，此煤样水分越大，挥发分越大。为了验

证挥发分结果是否与水分有关，化验员又对挥发分值最大的3日送样在50℃下烘干1小时并达到空气干燥状态与不烘干情况下同时进行化验，结果见表3-8。

表3-8　　抽查样01不同状态下化验结果统计表

送样日期	煤样编号		空干基水分 M_{ad}（%）	空干基灰分 A_{ad}（%）	空干基挥发分 V_{ad}（%）	干基灰分 A_d（%）	干燥基挥发分 V_d（%）
报告值（1号炉）	01	/	0.60	/	/	35.25	24.51
1日（1号炉）	11日 3mm	制样室送样	1.28	34.87	24.78	35.32	25.10
3日（1号炉）	3日 3mm		2.04	34.35	25.38	35.07	25.91
4日（1号炉）	3日3mm送样重新化验		2.08	/	25.23	/	25.77
7日（1号炉）	3日3mm送样重新化验		2.01	/	25.17	/	25.69
	3日3mm送样在45℃烘1h后化验		1.52	/	25.02	/	25.41

　　表3-8显示煤样烘干后指标减小，同时原3日样品挥发分指标也减小，但是与3日比较不超差（25.91%-25.41%=0.50%），说明单纯的水分变化对挥发分结果不会造成太大影响，因为水分本身也随空气湿度变化而变化。这一结论也可由两项对比结果分析得出：

　　化验室存查样在3日化验，水分由0.60%变化为1.12%，而干基灰分变化值仅为0.05%（24.56%-24.51%）。在对3mm存查样多次分样对比时，其水分在1.28%~2.08%之间，干基灰分极差为0.81%（25.91%-25.10%）。

　　此煤样干基灰分变化虽然与水分有一定的关系，但并不是造成超差的最直接原因。

由以上各项实验可以看出，原报告值水分明显偏小，即使放置在空气中的时间加长与周围空气湿度达到平衡，水分也仅达到1.12%，挥发分也与它次结果不同。挥发分变大，说明化验室在收到第一次煤样时，有氧化现象，可能第一次烘制时间过长，造成了此煤样的氧化。此煤样在集团公司的化验结果为水分1.43%，干基灰分为25.50%，与此煤样各次内部对比结果比较，与第一次的报告值相差0.99%（允许差1.00%），与其余各次结果相比差值在-0.45%~0.41%，化验误差的差值较均匀。

此煤样因干燥程度不同而引起挥发分变化，除第一次送样之外差值都在允许范围内，说明第一次送样时样品本身存在一定问题，此煤样挥发分较大，变质程度较浅，烘样时间长，会引起氧化。

3. 处置结果与经验教训

另外，为验证烘制时间与煤样结果的关系，化验室配合采制样室进行了共15个矿别的专项实验，按不同矿别送样，同一矿别分别根据过筛、不过筛、烘制时间长短等几种不同情况，通过试验结果分析，并没有规律性。

遇到问题要有原因分析不清绝不放弃的精神。分析原因时要从多个角度去分析，一个一个去排除。班长是一个班组的带头人，一个好的带头人决定一个团队的向心力、凝聚力、创造力和战斗力。

案例091

完美员工亦犯错　误将样品弄颠倒

嘿，你拿错了!

1. 案例经过

某年8月11日，某电厂采制班送样13个，其中7个为入厂煤，6个为其他煤样，化验人员分工进行各自项目的化验。由于样品较多，一台自动工业分析仪每次只能做19个单样，第一炉放不开，化验人员只进行了7个入厂煤、4个对比样、外加标煤07X的化验，其余样留着放到第二炉和入炉煤一起做。

14:00，第一炉工业分析结果出来，挥发分化验人员要用水分进行挥发分计算，记录水分时，发现01对比样与02对比样两个样品的没减水的挥发分值分别为31.06%、12.41%，而这两个样品的工业分析水分分别为5.52%、5.49%，挥发分值有异常，02对比样的挥发分值根据日常经验水分不会太大。为了进一步验证，化验人员查看工业分析的灰分，发现两个样品的灰分分别为22.35%、

22.41%，几乎一样，通过自动工业分析仪的水分、灰分结果大致判断这两个煤样应该差不多，但挥发分值对比不符合规律。

2. 原因分析

化验人员怀疑是某个煤样有问题，查看两个煤样的发热量，发现两个样品的弹筒热值分别为23079J/g、32156J/g。通过结果审核，根据灰分与挥发分、发热量的规律，化验人员判断02对比样的工业分析结果有误，可能是01对比样与02对比样在放工业分析样品时出错。经调查发现01对比样与02对比样在自动工业分析仪里紧挨着摆放，且02对比样在后面，当班化验员在放02对比样时没有换样，误将其当成了01对比样。

此次化验出错，主要原因是当班化验人员（该员工曾在各级比赛中多次获奖）在进行自动工业分析仪放样时没有仔细核对，没有将样品号与坩埚号对应，将同一个样品放了两次，造成第二个样品结果出错。

3. 处置结果与经验教训

由于下午自动仪器都已在使用，为了对这两个煤样进行精确验证，且不影响上报数据，在班长的协助下，该犯错人员采取紧急措施，用烘箱和马弗炉进行水分、灰分的化验，灰分用马弗炉带标煤进行化验。通过再次化验02对比样品的水分为0.73%、灰分为10.48%，01对比样化验结果与原自动工业分析仪结果相符，可以确认为02对比样在放入自动工业分析仪时放错。

错误可以分为常规性和重复性错误与偶然性的错误，一个企业建立完整的纠错机制可以有效避免错误的发生。"完美的员工"其实并不完美，之所以现在看起来比较完美，其原因往往是企业现在的能力不能认知其缺点而已。绝大多数情况下我们的员工并不会去主动发现错误和修正错误，而是更倾向于为错误辩解和推脱责任，我们不应抱怨员工不断犯错，而应该致力于通过建立"容错机制"和"纠错机制"来指导员工修正错误，并在不断的犯错、修正中培养出我们企业真正所需要的人才。

案例092

数据分析要严谨　主观臆断不可取

1. 案例经过

某年6月2日，某电厂化验员张某负责挥发分的测定和重复测定，第一炉次化验员李某帮忙拿出，第二炉次张某拿出。张某在入厂煤电脑自动计算的过程中发现，第一次数据比第二次数据偏高，结果见表3-9。

表 3-9　　　　　　　　两炉次煤样灼烧减重值对比

样品码	灼烧减重（%）		
	第一炉	第二炉	差值
入厂1	10.39	10.15	0.24
入厂2	12.20	11.92	0.28
入厂3	25.16	25.07	0.09
入厂4	11.21	10.99	0.22
标煤07X	32.12（V_d）	31.77（V_d）	0.45

张某为了确认不同人员操作的误差，又进行了第三炉次实验。为了等复送的1个入厂煤，第三炉次称量的四个样称完后30min，才进行的灼烧。计算后，第三炉次值又整炉增高（见表3-10）。

表3-10　　　　　三炉次煤样灼烧减重值对比

样品码	灼烧减重（%）		
	第一炉	第二炉	第三炉
入厂1	10.39	10.15	10.55
入厂2	12.20	11.92	12.35
入厂3	25.16	25.07	25.31
入厂4	11.21	10.99	11.31
入厂5	/	/	12.66/12.68
标煤07X	32.12（V_d）	31.77（V_d）	

张某认为，第三炉次中复送的入厂煤数据不超差，判断第三炉无问题，数据上报时，在系统中直接将最低的第二炉次的数据删除，取了第一次与第三次数据的平均值直接上传。

下午整理报表人员向张某确认挥发分值时，张某确定按上传的挥发分数据上报，于是整理报表人员将报表整理完成，按流程上传报表。与此同时，张某由于对上报数据存有疑虑，又打开马弗炉进行第四、第五炉实验，第五次实验时因炉空格按键按下未反应，作废。第四炉结果出来后，张某发现是第三炉次偏高，又重新选择一、二、四次测定平均值，发现之前上报数据高了0.2%。这时已下班，甲打开数据上传系统，发现智能化系统已走完流程，于是私自修改挥发分数据。

各炉次结果统计见表3-11（第五炉灼烧时因出现问题作废）。

表 3-11　　　　　　　四炉次煤样灼烧减重值对比

样品编码	灼烧减重（%）				
	第一炉	第二炉	第三炉	第四炉	备注
入厂1	10.39	10.15	10.55	10.22	极差0.40%
入厂2	12.20	11.92	12.35	12.03	极差0.43%
入厂3	25.16	25.07	25.31	25.16	极差0.24%
入厂4	11.21	10.99	11.31	11.11	极差0.32%
入厂5	/	/	12.66/12.68	12.45	/
标煤07X	32.12（V_d）	31.77（V_d）	/	/	标值（31.89±0.43）标煤合格
标煤10K	/	/	/	16.64（V_d）	标值（16.66±0.37）标煤合格

通过表3-11结果可以看出，这四炉中数据都是整炉的偏高或偏低，由于煤样差异，偏差程度不同。

2. 原因分析

不同人员操作因素分析：这四炉中，第一炉由化验员李某拿出，其余三炉均由张某操作，由表3-11可以看出不同人员操作存在一定误差，但不会造成超差，第一炉与第二炉结果偏差最大的在0.28%，第一炉与第四炉的差值最大为0.17%，最小的为0，人员因素可以排除。

各炉次结果分析：在结果上报时，张某判断第三炉复送的煤样5没有问题即认定第三炉没有问题，是错误的。第三炉煤样5进行的是平行测定，精密度高，不能说明整炉没问题，且第三炉没有带标煤，没有判断依据。此外，从第四炉看，这5个入厂煤的结果都比第三炉小0.15%~0.33%，且复送的入厂煤样也小了0.22%。

凭主观臆断，判断第三炉一定没问题，删除单次结果，是造成此次异常的第一步。

第三炉结果分析：从表3-11可以看出，第三炉结果整炉偏高，与最小的第二炉极差在0.43%；与第四炉结果相比，5个样都偏高0.2%以上，且有超差。即使进行了四炉次实验，也超过了国标要求的极差范围。这说明第三炉次操作确实存在很大问题。第三炉是先前四个入厂煤称完后放置了约30min后与第5个入厂煤一起灼烧，与第四炉结果对比看，这个原因不会造成结果有很大偏差，不是主要原因。因为第三炉一起烧的煤样5，在第四炉里结果也减小了0.20%。第三炉结果整体偏高，最可能原因为冷却时间短。第三炉时间即将到中午，可能是没有冷却好即称量。

在这次异常中，化验员张某未严格按照国家标准要求取值，在进行数据取舍时，存在侥幸心理，图省事，凭主观臆断，不经过认真分析，把第二次的结果直接删除，采用第一和第三次化验数据进行平均计算上报，用此数据上报违反了国家标准操作，导致化验数据上报出现误差。在化验操作过程中，张某未严格按照国家标准要求进行每一个步骤的操作，冷却时间较短，操作过程存在问题。在第四次化验结果出来后，张某发现上报数据存在误差，并进行了弥补，但未走正常审批程序，私自修改上报数据，且对存在的问题没有认真剖析，没有正确认识到问题的严重性，造成不好影响。

3. 处置结果与经验教训

煤质化验的每一个指标都影响配煤掺烧、煤质结算，意义重大，我们必须端正工作态度，严谨负责地进行煤质化验，像案例中当事人私改数据，虽然没有恶意，但主观臆断的问题很突出，产生问题的最关键原因在于思想上缺乏精益求精的科学态度。

渣样飞入空坩埚　图快欲速则不达

1. 案例经过

某年8月20日，某电厂化验员用西侧工业分析仪进行内水、灰分的化验，共称量13个坩埚，1~6号埚为炉渣样，7号埚为标煤GBW11101a，8~13号埚为3个入炉煤样，均为重复测定。

15:00西侧工业分析仪化验完成，化验员打印结果后发现标煤GBW11101a的内水为2.16%，干基灰分为7.15%，而标值应为（9.05±0.13）%，结果比标值小2.00%，同时进行入炉煤结果校核，发现其他指标相同的情况下灰分值也是偏小的。化验员立即打开马弗炉进行入炉煤灰分的化验，同时带标煤GBW11101a和GBW11105g，防止因为标煤不稳定而影响化验准确度的判断。16:40马弗炉灰分化验完成，入炉煤灰分结果比工业分析结果高了

2.00%左右，标煤GBW11101a和GBW11105g的Ad结果均在标煤的不确定度范围内，准确度合格。按马弗炉结果上报入炉煤灰分值。

2. 原因分析

化验员对自动工业分析仪灰分结果出现错误的原因进行了分析与判断：如果仪器故障，一般是加热元件故障，加热温度达不到要求，会使灰分结果偏大，而现在是结果偏小；如果是内部天平故障，而入炉煤的重复测定结果精密度又很好，没有超差现象，因而不存在天平的不稳定问题，上午东侧的自动工业分析仪带的标煤也是GBW11101a，其水分值为2.07%，与西侧工业分析仪是相同的，水分测试时没有问题；打开自动工业分析仪上盖，用镊子拿出里面的坩埚，用外部天平称量，也不存在明显的差异，打开仪器内部设置，逐项进行了检查，没有发现设置上有异常情况；对照说明书中"仪器故障及排除方法"的灰分结果异常原因逐一进行了分析，此次异常也不存在说明书上列出的问题；GBW11101a标煤在使用过程中是非常稳定的，如果加样过程中造成标煤污染，可能会使结果发生变化，上午东侧用同样的标煤，其结果在标煤的准确度范围内，并且下午用马弗炉化验时也带了此标煤，结果也在准确度范围内，因此标煤的原因排除；自动工业分析仪室有温湿度仪，温湿度稳定，每天都是下午做完样后仪器内部温度高，第二天上午上班后倒掉坩埚内的灰样，工业仪上盖都是盖好的，本次试验也是上午倒掉灰样后，用原来的坩埚称量的，并且东侧的自动工业分析仪结果合格，不存在由于室内湿度变化，坩埚吸潮严重影响结果的情况，另外，没有换新坩埚，不存在坩埚没有恒重，质量不稳定影响结果的情况；水分结果合格，进一步排除了坩埚的影响；打开上盖，观察入炉煤、标煤燃烧情况，没有发现异常，灰残留物燃烧完全，也没有飞溅现象，炉渣样坩埚周围有飞溅现象，但不会影响整炉次的煤样。

通过化验结果分析，整炉次的化验结果水分正常，灰分都普遍偏低，并且偏低的程度基本相同，都是2.00%左右，说明存在系统误差。空白埚是用来进行单次热浮力效应校正的（空白坩埚校正原理：每炉化验时，0号坩埚为空白坩埚，因为称空白坩埚时是在室温下进行，做完样称量时是在一定温度下，这时本身坩埚的质量会发生变化，通过空白校正埚把这个质量变化存储在系统内，形成一个校正系数，对煤样水分、灰分值进行空白校正），本炉次化验时，炉渣放在1号坩埚内，紧临空白坩埚，1号坩埚炉渣存在一定的飞溅现象，通过观察发现，空白坩埚内有一定量的炉渣，可能是此原因，引起校正值变化，造成系统误差。水分没有造成影响，是因为水分温度是110℃时不会造成炉渣飞溅，而温度高时才会造成此现象。因此，初步分析事故原因为炉渣飞溅进空白校正坩埚，使校正值偏大，在仪器内部进行灰分校正时使用了错误的校正系数，造成结果偏低。随后化验员用自动工业分析仪对此判断进行验证：次日，对西侧自动工业分析仪又用标煤进行了化验，仪器参数、坩埚等都没有做修改，标煤化验结果在准确度范围内，其他样品结果也正常，说明仪器本身没有问题。

确认事故为偶然事件，原因为空白校正坩埚内飞溅进渣样而造成单次校正系统有偏差，从而使化验结果错误。

3. 处置结果与经验教训

欲速则不达。根据规程要求工业分析每炉次化验时必须带标煤，不能图省事，忽略该步骤。通过此次事件可以看出，如果不带标煤的话，很难发现异常。化验员应在化验完成后注意观察燃烧情况，打开上盖，观察灰分残渣燃烧情况，观察其是否燃烧完全，是否有飞溅现象。如果当时化验员严格做到了这两点，本次错误就可以避免。

案例 094

样品搅拌不均匀 挥发分数值超规

1. 案例经过

　　某年7月27日，某电厂化验员对收到的入炉煤样品进行挥发分的测定，三个入炉煤使用同一个坩埚架做平行试验，其中煤样L02、L03的结果均正常，煤样L01的平行结果为16.19%与15.10%，根据挥发分测定精密度要求，空干基挥发分小于20.00%，重复性限空干基挥发分等于0.30%，判定结果超差。检查坩埚及煤样燃烧情况，未发现异常，马弗炉每天带有证标准物质进行仪器校正，当日用标煤GBW11113h校正，马弗炉质量控制良好，化验员于是进行超差煤样的重复测定，本次实验带煤样L02及标煤GBW11110k一起实验，实验结果与前一次实验的再现性不超差，煤样L01的结果为15.02%与14.99%，平行性良好，且根据煤质重复测定1.2T的原则，与前次的结果15.10%相比，亦不超差，取三个结果的平均值为最后结果（以上数值均未经水分校正）。

入炉煤样品挥发分测定结果对比见表3-12。

表3-12　　　　入炉煤样品挥发分测定结果对比

样品号	坩埚号	空坩质量（g）	样品质量（g）	灼烧后质量（g）	失重百分比（%）
GBW11113h	6	19.3245	0.9984	20.2038	11.93
L01	11	18.7145	1.0064	19.5580	16.19
	20	19.3789	0.9953	20.2239	15.10
GBW11110K	1	18.4816	0.9926	19.2930	18.26
L01	26	19.3246	1.0016	20.1758	15.02
	10	19.6611	0.9963	20.5081	14.99

2. 原因分析

本次实验结果16.19%较正常结果偏大，可能有以下原因：实验样品搅拌不均匀，每个样品在实验前必须用转8字法摇匀样品，用多点取样法称取试样，使试样具有代表性，否则会造成实验结果偏大或偏小；坩埚有裂纹或坩埚盖与坩埚配合不严密，坩埚应符合实验要求，坩埚质量在15～20g之间，坩埚盖配合严密，否则实验结果会偏大；取出坩埚后在空气中放置时间较长，取出坩埚后在空气中放置5min，然后移入干燥器内，达到室温约需20min，冷却时间过短，测试结果就会偏高，而时间过长，易引起焦渣吸水，实验结果就会偏小；在实验过程中，马弗炉温度控制超出实验要求（900±10）℃；实验过程加热总时间未严格控制在7min。

在经过实验后的检查和重复测定后，唯有实验样品搅拌不均匀这个因素不能被排除。故化验员判断本次挥发分超标的主要原因为样品搅拌不均匀。

3. 处置结果与经验教训

挥发分是一个规范性很强的试验项目，它的测定结果主要受加热温度、加热时间、加热速度的影响，另外实验设备的型式和大小，试样容器的材质、形状和尺寸以及容器的支架都会影响实验结果。在日常实验过程中，因个人操作习惯不同，挥发分坩埚放入与取出马弗炉的时间早晚也会有少许差异，所以应尽量一人操作整个过程。取出坩埚后在空气中放置时间的长短不同，实验结果也会有差异，所以在操作中必须严格按照实验规程操作。

作为一名工作人员，一定要注重工作中的细节，尤其是对一些过程比较烦琐的程序，一定要严格按照国家标准要求，做好每一步工作。细节决定成败，细节决定工作的质量，日常工作中一定要严格、认真、仔细，不能放过一个疑点，有问题多请示，多汇报，数据处理时严格按照煤炭分析实验方法一般规定中关于测定次数的规定进行结果计算上报。

案例 095

量热温度计损坏 发热量指标超差

1. 案例经过

某年9月15日，某电厂化验员实验前用标煤进行量热仪准确度检验，全部合格。在发热量测定过程中进行重复测定，同一煤样用不同量热仪的A、B桶同时测定，化验员发现三号量热仪的A、B桶超差，实验过程中A桶不稳定，化验人员对内筒及滤网进行清理后，化验时还是不稳定，随即联系厂家维修人员进行修理。

2. 原因分析

厂家技术人员怀疑是内筒放水阀堵塞，造成内筒水量不稳定，实验过程中温升异常，数据不稳定。技术人员将仪器打开，对放水电磁阀进行了清理、更换，同时更换了净化器，通过仪器自检测，仪器工作正常。化验人员对此量热仪重新进行热容量标定，在标定过程中，数据极不稳定，无法按国家标准要求进行热容量计算。继续查找原因进行相应处理，通过观察室内温度基本恒定，不会造成太大影响；量热仪内水为刚换的纯净水，无杂质影响；内筒放水阀和进水阀正常工作；人员操作无错误；净化器等部件刚换过；厂家来现场进行了监测，通过专业监测，发现量热仪温度计PT100显示错误，判断为温度计出现了问题，技术人员进行了配件更换。更换后化验员进行了热容量的标定，在标定过程中，数据稳定，达到了使用要求。

3. 处置结果与经验教训

发热量测量的原理是将一定量的试样放在充有过量氧气的氧弹内燃烧，放出的热量被一定量的水吸收，根据水温的升高来计算试样的发热量。因此在发热量测定过程中有几个主要影响因素：发热量测定过程中的内筒水量要与标定热容量时一致，如果水量差别大，必然引起发热量测量的不准确。

自动量热仪内筒水量主要是靠进水控制阀和放水阀来控制，因此，必须保证电磁阀的工作稳定。在化验员的操作过程中，要将氧弹擦拭干净，一方面防止由于氧弹带水引起水量的变化，另一方面防止氧弹粘有异物，落入内筒后，将放水电磁阀堵塞，造成内筒水量不稳定。在煤燃烧后内筒水温不断升高，但不同部位的水温不同，通过搅拌器将水温搅拌均匀，但如果搅拌过快，会产生较多的搅拌热，影响发热量测定值。自动量热仪搅拌装置在使用过程中，化验员要经常进行检定，看看是否能正常工作，转速是否合适。

量热温度计在发热量测定中至关重要，如果显示不准确，会直接引起发热量的不准确。该电厂使用的都是自动量热仪，不存在人为读数误差，量热仪自购买使用至今，没有出现过量热仪温度计坏的情况，因此没有及时发现此故障，走了一定的弯路。化验室安装有空调，保证温度恒定。量热仪间为套间，可以防止强烈的空气对流，但空调对量热仪的影响也较大，尤其是夏、冬季正对空调的量热仪经常出现不稳定的现象，化验人员要将空调的风量、风向进行调整，尽量减小其影响。不良的操作习惯会引起较大的化验误差，化验人员经过正规培训，取得合格证书，操作时只要严格按照国家标准要求实验，就不会有较大出入。

目前使用的量热仪为自动量热仪，自动仪器电子元器件使用较长时间后，出现临时性的故障频次增加，因此化验员在化验过程中要加强质量控制，发热量测定过程中使用不同的量热仪进行重复测定，及时发现此类问题，防止异常发生。

严谨细致是一种工作态度，反映了一种工作作风。严谨细致，就是对一切事情都有认真、负责的态度，一丝不苟、精益求精，于细微之处见精神，于细微之处见境界，于细微之处见水平；严谨细致就是把做好每件事情的着力点放在每一个环节、每一个步骤上，不心浮气躁，不好高骛远；严谨细致就是从一件一件的具体工作做起，从最简单、最平凡、最普通的事情做起，特别注重把自己岗位上的、自己手中的事情做精做细，做得出彩，做出成绩。

案例 096

工分仪温度跳变　求答案顺藤摸瓜

1. 案例经过

　　某年10月10日，某电厂煤化验班进行全自动工业分析仪化验，灰分测试过程中，温度恒温在815℃时，有一段时间降温至700℃左右，然后又升温至815℃，并恒温在此温度。结果出来后，化验员发现标煤结果在合格范围内，对该炉次煤样用马弗炉重新进行灰分化验，通过对比发现全自动工业分析仪灰分结果与马弗炉人工法结果不超差。通过几天的观察，化验员发现这种情况经常出现，为防止降温对灰分结果的影响，将仪器设置里灰分的灼烧时间延长了30min，并每天带标煤化验，标煤结果合格，通过结果审核，灰分结果也未见异常。

2. 原因分析

煤化验班联系电气人员对电源与加热开关、仪器空气开关进行检测。电源、加热开关等工作正常。排除电气方面原因后，与厂家技术人员进行了联系与沟通，邀请技术人员进行设备的维修与保养，对设备硬件分析判断，一一排除。热电偶是加热的关键元件，从现象来看，热电偶应该不会故障，因为它能正常加热到需要的温度。继电器是控制加热的元器件，对温度的控制很重要，可能是继电器老化造成的，厂家人员进行了继电器的更换，使用两天后，还是出现降温情况。

煤化验班再次与技术人员进行沟通，其回复可能是接近开关故障，更换接近开关后，设备使用正常。仪器已使用十年，零件老化，公司及时按照配件清单采购设备上老化零件，同时采购了一台新的全自动工业分析仪。

3. 处置结果与经验教训

设备老化，是每个企业都会面临的问题，企业要及时采取措施以免影响到生产。应对常用配件进行定购，及时更换坏的备件。逐步进行设备的更新换代，在选购新仪器时，根据使用情况，选用稳定性好、故障率低的仪器，并且与老仪器的配件最好能够通用，以方便于设备维修、保养和配件更换。使用旧仪器时应格外用心，加强巡视，进行指标分析。

案例 097

频使用部件老化　定硫仪突然罢工

1. 案例经过

　　某年2月1日，某电厂煤化验室1号定硫仪在升温过程中显示异常，升到1150℃以后，自动降温，人工点击"升温"后，继续升温，提示加热电源故障，化验员联系电气人员对加热电源进行了检查，未发现异常。维修人员检查设备检修台账，发现该台仪器加热部件硅碳管、石英管上次更换时间为一年之前，使用时间不到一年半。在试验过程中，为防止1号定硫仪在使用时降温影响结果，化验员同时打开2号定硫仪进行对比，在对比过程中发现结果无异常，但是1号定硫仪在试验过程中自动降温、升温，极其不稳定，2号定硫仪温度正常，基本判断是仪器本身原因，不是加热电源问题。化验室联系厂家人员进行维修，更换加热管。

2. 原因分析

分析定硫仪升温过程异常的原因，一般为加热电源问题和加热部件硅碳管、石英管老化。通过检查排除了加热电源问题，确认加热部件硅碳管、石英管存在老化问题，根据以往经验，加热部件老化间隔没有这么短，但近一年来样品较多，仪器使用频繁加速了部件的老化。

3. 处置结果与经验教训

在仪器使用过程中，要定期检查加热电源；要建立设备检修档案，对易耗品更换等进行登记；提前订购备品备件，做到能够及时更换，不影响工作；将所有设备调试好，处于良好备用状态，其中一台故障时，及时启动备用仪器，保证化验数据的及时性；高温仪器在使用过程中，试验完成后要进行降温，待温度降到200℃以下时，再关机，以保护硅碳管等加热部件，延长使用寿命。

案例 098

新旧设备有误差 煤样指标略不同

1. 案例经过

某年2月26日，某电厂煤化验室开展内部抽查对3个煤样进行对比，在抽查过程中，煤化验室分别用原有的东侧自动工业分析仪和新购买的自动工业分析仪进行化验，进行仪器间误差对比，化验结果显示，两炉都带了标煤进行质量控制，标煤合格。

通过化验数据分析，化验员发现两炉次与原报告值都不超差（原报告值用东侧自动工业分析仪），但26日两仪器间3个灰分数据存在一定的系统误差，即东侧自动工业分析仪灰分比新自动工业分析仪灰分偏高，其中一个样品灰分偏高较多，超过$0.5T$（再现性临界差），通过规律看出，此样品灰分值比其他样品高。化验员初步判断为东侧自动工业分析仪老化，可能保温效果差，造成灰分高的样品灼烧不充分。为进一步查找原因，煤化验班进行多次实验。

2.原因分析

班组制定了实验方案对仪器进行分析，采用减小称样量（减小称样量是因为样少时，容易灼烧完全，暂时忽略样品少代表性较差的因素，主要进行规律查找）、调整加热时间、不同仪器对比三种方式进行分析。

一是用东侧自动工业分析仪对同一个样品分别进行不同质量化验，验证灼烧完全情况。通过试验发现，减小质量会使灰分结果减小，灰分大时减小的较多。但3次极差小于0.5T。

二是调整加热时间，灰分由60min调整为75min。调整加热时间后，仍存在克数多时灰分比克数少时灰分大的情况，差值均小于0.5T。

三是用不同质量、不同仪器同时进行对比。本次样品都是灰分小于30%的煤样，通过对比数据发现，两个样品减小称样量灰分值减小量为0.10%以下，6个样品两台自动工业分析仪的对比大小无规律，且15%以下的相差0.05%以下，含量22%的相差0.14%，都小于0.5T，此误差属于正常范围内，是由于样品的不均匀性引起的，无化验仪器因素。

通过以上分析可以看出，灰分含量在30%以下的煤样无论是减小称样量，还是不同仪器的对比，灰分值都远小于0.5T，且不同仪器、不同称样量灰分值变化无规律，仪器精密度与准确度完全合格。灰分值在30%以上的煤样，东侧自动工业分析仪随着称样量的减少灰分普遍减小，但减小的程度不同，大部分为0.10%~0.30%，不超过0.5T，只有一个煤样两台仪器灰分差值达到0.56%，超过0.5T（备注：以上实验过程都带标煤，标煤合格）。

由于各仪器间本身存在误差，不超过国家标准要求都是合格的。可能是东侧自动工业分析仪由于使用期限较长，达到10年，控温、保温能力降低，风扇等其他部件也存在一定老化，尤其是灰分测定时硫分大的煤生成的硫氧化物不能及时排出炉外，形成固硫作用，造成灰分结果稍有偏高，这种现象在煤化验上是不可避免的正常现象。

3. 处置结果与经验教训

仪器和人一样，"过劳"就会出现一系列问题，必须要"劳逸结合"并不断注入"新鲜血液"，不断调整自身零部件使其达到最佳状态。对两台老工业分析仪，在国家标准要求的称量范围内，尽量减少称样量，每次实验时带标煤，对设备运行情况进行监控，并邀请厂家技术人员对工业分析仪进行全面的检测，对能更换的老化部件进行更换。

为了确保煤样化验的精确性，每周要定期进行仪器对比，主要是针对灰分含量大于30%、硫含量超过2.5%的煤样，用新仪器进行对比（新仪器没有安装数据传输软件，不能进行入厂煤化验），及时发现问题。

案例 099

数据采集有缺陷 热量指标不太准

呀，这数据不对呀！

1. 案例经过

某年5月16日上午，某电厂化验室接到制样人员送的三个实验样，分别为实验3分析样、实验3备查样、EQ实验3，此三个样品为同一煤样于不同的缩分阶段取样，理论上应数据接近或相同。当日下午报表时化验员甲发现，实验3分析样、实验3备查样、EQ实验3，发热量相差较大，数据见表3-13。

表 3–13   三个实验样化验数据对比

送样日期	煤样编号	全水 M_t (%)	空干基水分 M_{ad} (%)	空干基灰分 A_{ad} (%)	空干基挥发分 V_{ad} (%)	空干基全硫 $S_{t,ad}$ (%)	收到基灰分 A_{ar} (%)	干基灰分 A_d (%)	干基全硫 $S_{t,d}$ (%)	干燥无灰基挥发分 V_{daf} (%)	弹筒发热量 $Q_{b,ad}$ (MJ/kg)	干基高位发热量 $Q_{gr,d}$ (MJ/kg)	收到基低位发热量 $Q_{net,ar}$ (MJ/kg)	收到基低位发热量 $Q_{net,ar}$ (cal/g)
16	实验3样1分析	5.6	1.37	24.72	11.60	1.10	23.66	25.06	1.12	15.69	25.72	25.93	23.68	5663
16	实验3样2备查	5.6	1.35	24.69	11.75	1.11	23.63	25.03	1.13	15.89	25.01	25.21	23.00	5501
16	EQ煤场实验3	5.6	1.18	24.10	11.70	1.06	23.02	24.39	1.07	15.66	26.06	26.24	23.97	5372

正常情况下，同一个样品分析样和备查样是在同一个缩分阶段分取的两个样品，若自动仪器无异常，正常缩分，应是品质均匀的两个样品，数据一样。EQ实验3样品为3mm阶段分取备查样，进行人工制样，与0.2mm样品因制样环境、方法和操作人员水平不同等会有一定的偏差，但不应超过极限值，此次测定EQ实验3样品无明显异常。目前分析样品与备查样品水分、灰分、挥发分、硫分均一致，只有干基高位发热量相差720J/g。

化验员认为是发热量存在异常，向班长汇报，班长迅速组织人员对此两个样品重新进行发热量测定，发现二者无较大差距，但与实验3备查样第一次实验数据有较大出入。通过查找测试实验3备查样所用的量热仪，发现此样品的质量输入错误，因而造成发热量结果偏差较大，三个实验样正确化验数据见表3-14。

2. 原因分析

量热仪数据采集系统存在很大的缺陷，自动传输耗费较大人力，且方法笨拙，目前需要人为输入样品重量，再由系统自动更新数据。编号为138号量热仪系统中存在前一天留存的数据，16日实验开始后当班化验员乙发现该问题，删除已有数据，重新输入新的数据，但是仪器计算时仍默认为老的数据，没有更新，造成计算错误。化验员记录数据时没有核对质量，直接记录结果，造成数据出现一定的偏差。化验员们审核报表时及时发现问题，并进行了纠正。

3. 处置结果与经验教训

此异常是由于系统反应慢直接导致的，但如果化验员责任心到位，在记录数据时仔细核对下，这次异常就不会发生。因此，加强人员责任心尤为重要，实验前后应仔细核对样品质量等重要参数，发现问题及时处理；统计报表时应再次核对数据，发现问题及时纠正。

表 3-14
三个实验样正确化验数据一览表

送样日期	煤样编号	全水 M_t (%)	空干基水分 M_{ad} (%)	空干基灰分 A_{ad} (%)	空干基挥发分 V_{ad} (%)	空干基全硫 $S_{t,ad}$ (%)	收到基灰分 A_{ar} (%)	干基灰分 A_d (%)	干基全硫 $S_{t,d}$ (%)	干燥无灰基挥发分 V_{daf} (%)	弹筒发热量 $Q_{b,ad}$ (MJ/kg)	干基高位发热量 $Q_{gr,d}$ (MJ/kg)	收到基低位发热量 $Q_{net,ar}$ (MJ/kg)	收到基低位发热量 $Q_{net,ar}$ (cal/g)
16日	实验3样1分析	5.6	1.37	24.72	11.60	1.10	23.66	25.06	1.12	15.69	25.699	25.91	23.66	5658
16日	实验3样2备查	5.6	1.35	24.69	11.75	1.11	23.63	25.03	1.13	15.89	25.797	26.00	23.75	5679
16日	EQ煤场实验3	5.6	1.18	24.10	11.70	1.06	23.02	24.39	1.07	15.66	26.067	26.24	23.97	5732

案例 100

马弗炉挥发异常　三管齐下来调整

1. 案例经过

　　某电厂煤化验室每天实验都带标煤，1号马弗炉通过标煤结果观察，化验员发现存在挥发分小的标煤结果普遍偏高、挥发分大的标煤结果偏低的现象。第一、二期集团抽查样对比结果下发后，通过与集团公司的对比结果，发现高挥发分的煤样确实存在偏低的现象。为了精细化管理，决定对1号马弗炉进行调整。

　　第一、二期集团公司抽查结果见表3-15。

表 3-15　　第一、二期集团抽查样对比结果

样品编号	032902				032202			
干基灰分 A_d （%）	13.46	13.25	0.21	合格	39.15	39.07	0.08	合格
干燥基挥发分 V_d （%）	31.11	31.07	0.04	合格	24.40	24.83	−0.43	合格
干基全硫 $S_{t,d}$ （%）	1.49	1.47	0.02	合格	1.21	1.24	−0.03	合格
干基高位发热量 $Q_{gr,d}$ （%）	26.63	26.44	0.19	合格	19.66	19.64	0.02	合格
样品编号	042601				042802			
干基灰分 A_d （%）	15.65	15.61	0.04	合格	37.40	37.38	0.02	合格
干燥基挥发分 V_d （%）	31.85	32.08	−0.23	合格	23.50	23.71	−0.21	合格
干基全硫 $S_{t,d}$ （%）	0.56	0.55	0.01	合格	1.08	1.12	−0.04	合格
干基高位发热量 $Q_{gr,d}$ （%）	27.74	27.58	0.16	合格	20.59	20.55	0.04	合格

2. 原因分析

化验人员首先对6月份1号马弗炉质量控制情况进行了统计，通过标煤情况发现，挥发分值小的标煤有几个接近上限，挥发分大的在中间值以下的多。化验室邀请计量院进行马弗炉热电偶温度场校正，发现温度比实际值偏低。

其次进行了加热速率实验，加热速率是挥发分测定过程中的重要因素，标准规定，放入室温下的坩埚架和若干坩埚，在3min内必须恢复到（900±10）℃，否则实验作废，但恢复时间快慢会对挥发分值有影响。

化验人员对不同加热速率下的温度恢复时间进行了试验，一架挥发分六个坩埚，挥发分设定时间420s。实验情况见表3-16。

表3-16　不同加热速率下的坩埚及架的温度恢复时间对比

加热速率	加热速率 75	加热速率 80	加热速率 90
放入坩埚及架后降到的最低温度（℃）	812	822	825
开始升温时剩余时间（s）	365	362	362
升至890℃时剩余时间（s）	270	274	280
升至900℃时剩余时间（s）	253	255	264

通过表3-16得知，加热速率越大，仪器热容量越大，温度恢复时间超短。在调整加热系数不能满足实验要求的情况下，可调整加热速率，作为辅助性条件。

化验室最后进行了参数调整，为保证调整后的有效性，调整参数后，打开炉门，关炉，再重新开启。综合考虑各种因素，化验员用高、低、中三种标煤进行多个参数，多次调整。调整后，发现干基挥发分小于10%的标煤，有两个在中位值以下，1个在中位值以上，干基挥发分等于17.10%的标煤在中位值以上，干基挥发分等于27.61%的在中位值以下，基本满足质量控制的要求。

3. 处置结果与经验教训

调整后化验员每日用标煤进行质量控制，通过每日质量控制，发现标煤都在合格范围内。高、中、低挥发分的标煤挥发分化验结果既有中间值偏上的，也有偏下的，符合随机变化规律，消除了系统误差。

　　化验员要注意以下几点：煤样测定时要每日用标煤进行质量控制，要用几种挥发分含量不同的标煤进行实验，不能依赖同一种标煤；要注意标煤水分的有效期问题，要确保各种挥发分含量的实验结果都合格；马弗炉在使用过程中会出现热电偶老化、腐蚀，保温层老化等问题，要及时发现问题，解决问题；质量控制台账认真记录，进行结果综合分析。